책상 사이를 돌아다니며 한 명 한 명에게 머리뼈를 보여 주었다.

"그거 어디서 났어요?"

"산길을 걷고 있는데 날다람쥐가 땅에 떨어져 있지 뭐야.

그래서 머리를 좀 달라고 했더니 좋다고 해서 가져왔지.

냄비에 익혀서 머리뼈만 발라낸 거야."

아이들은 또 큰 소리로 웃었다.

# 뼈의 학교 2

# 뼈의 학교 2

## 배낭 속의 오키나와

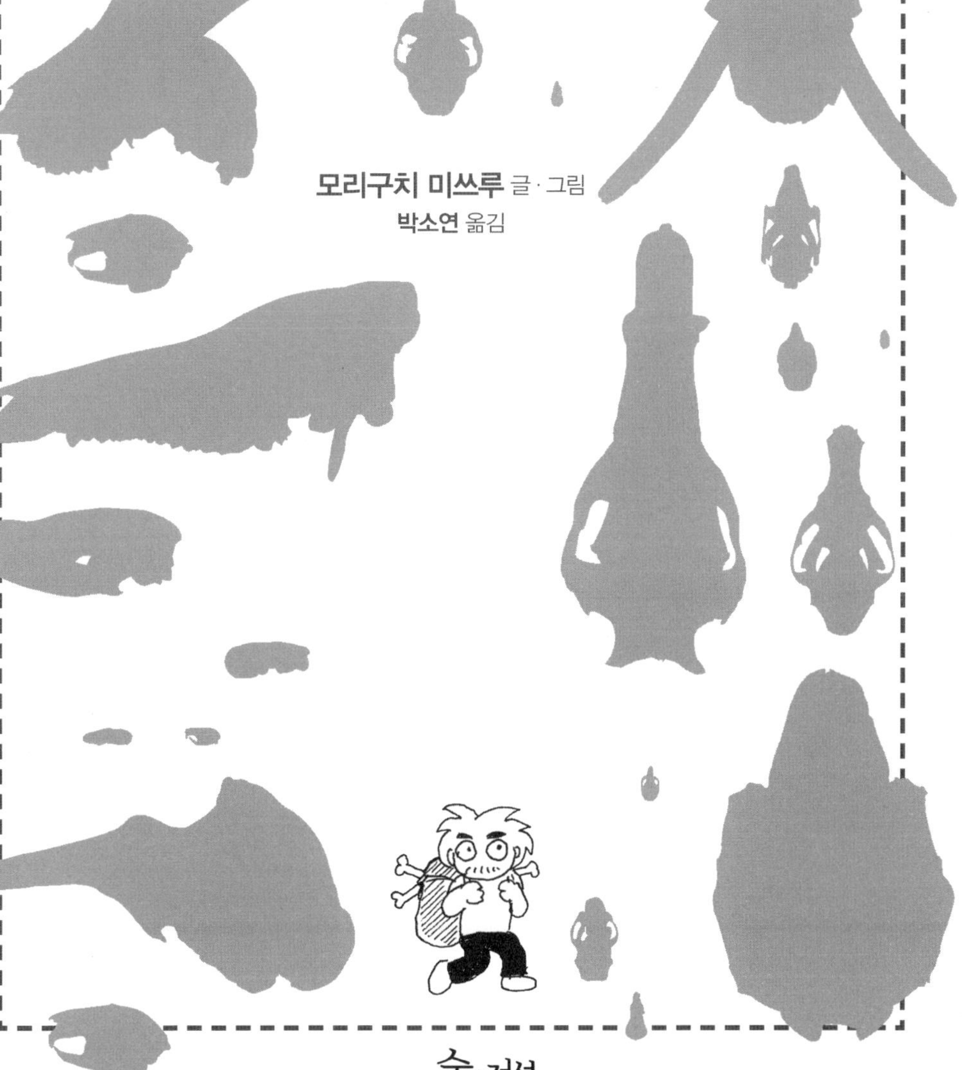

모리구치 미쓰루 글 · 그림
박소연 옮김

숲의전설

## 차례

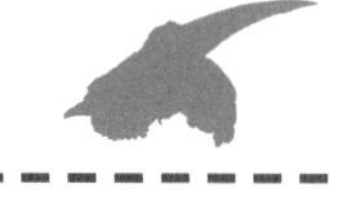

# 1 어묵 속의 뼈

## 2

## 균열 속의 뼈



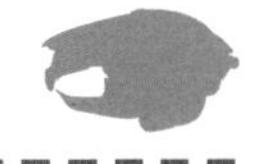

## 3

## 배낭 속의 뼈

# 1

# 어둑 속의 뼈

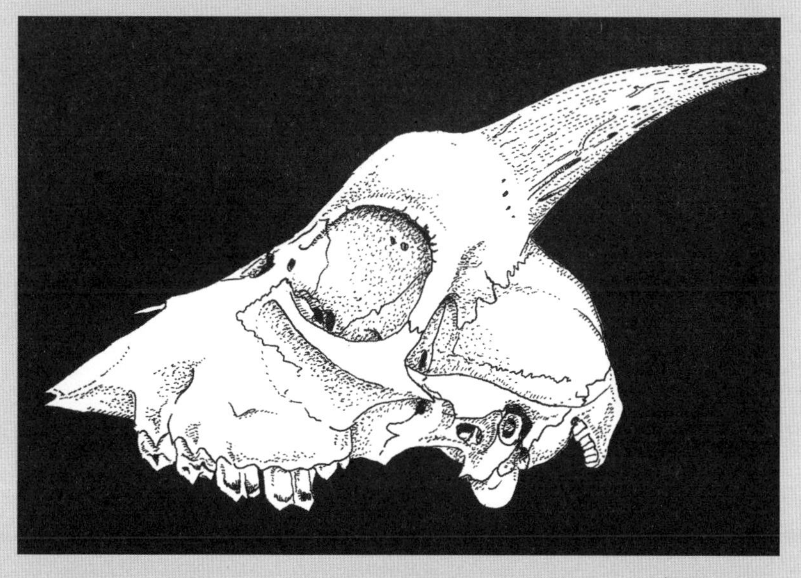

염소(190mm)

# 교실의 뼈
## — 프롤로그

"모리구치 선생님이래!"

아이들이 킥킥거리며 웃는다.

눈앞에는 초등학교 2학년 아이들이 앉아 있다. 먼저 내 소개부터 했다. 그렇게 수업이 시작되었다.

"오늘은 한 시간 동안 뼈에 대해 배워 볼 거예요."

나는 그렇게 말하며 옆에 놓아둔 배낭에 손을 집어넣었다.

오키나와현의 중심지인 나하시에서 자동차로 20분가량 북쪽으로 달리면 기노완시가 나온다. 시 한가운데에는 미군 부대가 사용하는 후텐마 비행장이 있고 거기서 해안가로 좀 더 가면 내가 강연을 하고 있는 오야마 초등학교가 있다.

학교 건물은 좁은 부지를 효율적으로 이용하기 위해 복잡하게 얽혀 있어 자칫하면 길을 잃기 쉽다. 바깥에는 토란의 일종인 물토란을 키우는 논이 펼쳐져 있고 건너편에는 바다가 빛나고 있다.

"특별 강연을 부탁하고 싶어요."

얼마 전 오야마 초등학교의 교장 선생님에게서 연락을 받았다. 초등학교 1, 2학년 학생들에게 특별 강연을 해 달라는 것이었다.

"특별 강연요?"

잠시 당황했지만 교장 선생님은 어떤 이야기를 해도 좋다고 했다. 어려운 얘기를 늘어놓는 것보다는 아이들을 즐겁게 해 주는 게 좋을 것 같았다. 그렇다면 내가 가장 자신 있는 이야기를 하는 수밖에.

동물들의 뼈를 배낭에 가득 채워 넣고 상자도 한가득 채워서 초등학교로 향했다. 초등학교 1, 2학년 학생들은 대체 어떤 생명체일까 호기심이 일었다. 지금껏 경험해 보지 못한 미지의 세계로 발을 들이는 기분이었다.

"어떤 동물이 이렇게 만들었을까?"

나는 가방에서 물건을 하나 꺼내어 아이들에게 보여 주었다.

"이건 선생님 친구가 미국에 갔을 때 주워서 선물로 준 거야."

아이들은 내가 들고 있는 물건을 호기심 어린 눈으로 바라보았다.

"나무예요?"

"연필처럼 뾰족하네요."

초등학교 2학년 아이들은 겁이 없다. 처음 보는 아저씨가 괴상한 물건을 내밀어도 전혀 놀라지 않는다. 아이들이 말한 것처럼 내가 꺼낸 것은 양 끝이 연필처럼 뾰족한 나무줄기였다.

"이건 어떤 동물이 갉아 먹은 거란다. 어떤 동물이 나무를 이렇게 갉아 먹었는지 알겠니?"

"네네, 사자요!"

한 남자아이가 당당하게 소리쳤다.

"다람쥐요!"

"악어요!"

아이들은 떠오르는 대로 동물 이름을 이것저것 정신없이 외쳤다. 답은 비버다. 비버라는 이름이 쉽게 나오는 반도 있고 좀처럼 나오지 않는 반도 있다.

비버가 이빨로 갉은 나무줄기를 친구한테서 받고 난 몹시 놀랐다. 제법 굵은 나무줄기를 연필처럼 뾰족하게 깎아 버렸기 때문이다. 이 흔적을 직접 보니 말로만 듣던 비버 이빨의 위력을 생생하게 느낄 수 있었다.

"비버는 딱딱한 나무의 껍질을 갉아서 먹는단다."

나는 그렇게 말하고 배낭에서 다음 물건을 부스럭부스럭 꺼냈다.

"자, 한 사람이 한 개씩 가지렴."

난 책상 사이를 다니면서 돌참나무 도토리를 아이들에게 하나씩 나누어 주었다.

기노완시가 있는 오키나와 남부에는 도토리가 열리는 나무가 자라지 않기 때문에 아이들은 도토리를 직접 만져 보고 아주 신이 났다.

"흔드니까 달그락달그락 소리가 나요!"

"그래, 이 도토리는 작년에 주운 거라서 알맹이가 말랐어. 그러면 어떤 동물이 도토리 알맹이를 먹고 살까?"

"다람쥐요!"

이번에는 아이들이 한목소리로 외쳤다.

오키나와섬 남부에는 도토리가 열리는 나무도 자라지 않고 다람쥐도 살지 않지만, 아이들은 이렇게 도토리 얘기가 나오면 곧바로 다람쥐라고 대답한다. 오늘날 정보화 시대에서 흔히 볼 수 있는 모습이 아닐까 생각이 든다.

"그래, 다람쥐는 딱딱한 도토리를 먹고 살아. 오늘은 우리 모두 다람쥐의 기분을 느껴 보자꾸나."

나는 삶아 놓은 돌참나무 도토리를 꺼냈다.

가을이 되면 우리 집 냉장고는 도토리로 가득 찬다. 냉장고에 보관했다가 수업 전날 익혀서 원예용 가위로 껍질에 칼집을 넣는다. 돌참나무 도토리는 껍질이 딱딱해서 아이들뿐 아니라 어른들도 맨손으로는 껍질을 벗기기가 쉽지 않다.

"먹어 보렴."

말이 끝나자마자 교실이 시끌벅적해진다.

"감자 냄새가 나요."

"정말로 먹어도 돼요?"

먹으면서도 다들 한마디씩 한다.

"맛있어요."

"으윽, 맛이 별로야."

"감자 같아요."

돌참나무의 도토리는 떫은맛이 거의 없어서 익히기만 하면 먹을 수 있다.

"먹을 만하지? 이 도토리는 내가 가위로 칼집을 냈지만 다람쥐는 혼자 껍질을 까서 먹는단다."

그렇게 말하고 나는 다음 물건을 꺼냈다.

날다람쥐의 머리뼈다.

다람쥐와 비버는 모두 설치류이다. 설치류의 대표로 내가 가지고 있는 날다람쥐의 머리뼈를 보여 준 것이다.

"와, 뼈다!"

"이거 진짜예요?"

책상 사이를 돌아다니며 한 명 한 명에게 머리뼈를 보여 주었다.

"도토리를 갉아 먹어 봐!"

한 학생이 말했다. 내가 날다람쥐의 머리뼈를 움직여 도토리를 먹는 흉내를 내자 아이들이 아우성을 쳤다.

"내 것도!"

"내 것도 먹어 봐!"

"만져 보고 싶어요!"

"손가락을 깨물어 봐!"

아이들은 이것저것 해 달라며 소리치기 시작했다. 무서워하는 아이는 아무도 없다.

"그거 어디서 났어요?"

"산길을 걷고 있는데 날다람쥐가 땅에 떨어져 있지 뭐야. 그래서 머리를 좀 달라고 했더니 좋다고 해서 가져왔지. 냄비에 익혀서 머리뼈만 발라낸 거야."

아이들은 또 큰 소리로 웃었다.

눈앞에 있는 뼈를 보며 아이들은 여러 가지 정보를 찾아낸다.

"뻐드렁니가 굉장하네."

"이빨이 빨개요."

설치류는 앞니가 위아래 두 쌍이다. 사람의 앞니가 여섯 쌍인 것과



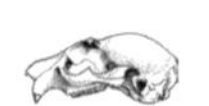

비교하면 개수가 적다. 앞니 두 쌍이 발달해서 입 밖으로 툭 불거져 나온 것이다. 설치류의 앞니는 사람과 달리 평생 동안 자라난다.

치아뿌리는 뼈 안쪽에 깊이 들어가 있다. 날다람쥐는 머리뼈 길이가 56밀리미터고, 활처럼 휜 앞니의 길이를 살펴보면 위 앞니는 30밀리미터, 아래 앞니는 40밀리미터나 된다. 그리고 날다람쥐의 앞니는 바깥쪽, 즉 정면에서 바라볼 때 앞에 보이는 이빨 표면이 적갈색을 띤다. 이러한 특징은 날다람쥐만 그런 것이 아니라 비버도, 쥐도 마찬가지다.

설치류의 앞니는 한쪽만 딱딱한 에나멜질인데 바로 이 부분이 적갈색을 띤다. 사람의 이는 상아질의 표면 전체를 에나멜질이 덮고 있다. 반면 설치류는 에나멜질이 부드러운 상아질의 한쪽 면만을 덮고 있어서, 이빨로 무언가를 깎거나 갈면 에나멜질이 이빨 끝에서 날카로워진다. 그래서 마치 끌처럼 물건을 깎을 수 있다.

하지만 어째서 에나멜질이 덮여 이빨이 빨갛게 된 것일까? 날다람쥐는 앞니로 음식물을 자르고, 입 안쪽에 있는 어금니로 음식을 씹는다. 어금니의 표면도 물론 에나멜질로 덮여 있지만 빨갛지 않다.

앞니는 같은 에나멜질이라도 더욱 단단하게 하기 위해 성분이 달라진 것이다. 책을 여러 권 찾아보았지만, 앞니의 특징에 대해 장장 열 페이지나 설명하고 있는 책에서도 왜 색깔이 빨간지에 대해서는 말해 주지 않았다.

설치류의 앞니가 '뻐드렁니'처럼 보이는 것은 앞니가 크기도 크지만 송곳니가 없어 어금니와 앞니 사이에 틈이 있기 때문이기도 하다. 설치류는 딱딱한 것을 갉아 먹을 때 이 틈새 양옆에 입술을 붙여 입을



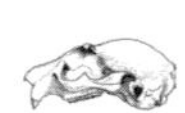

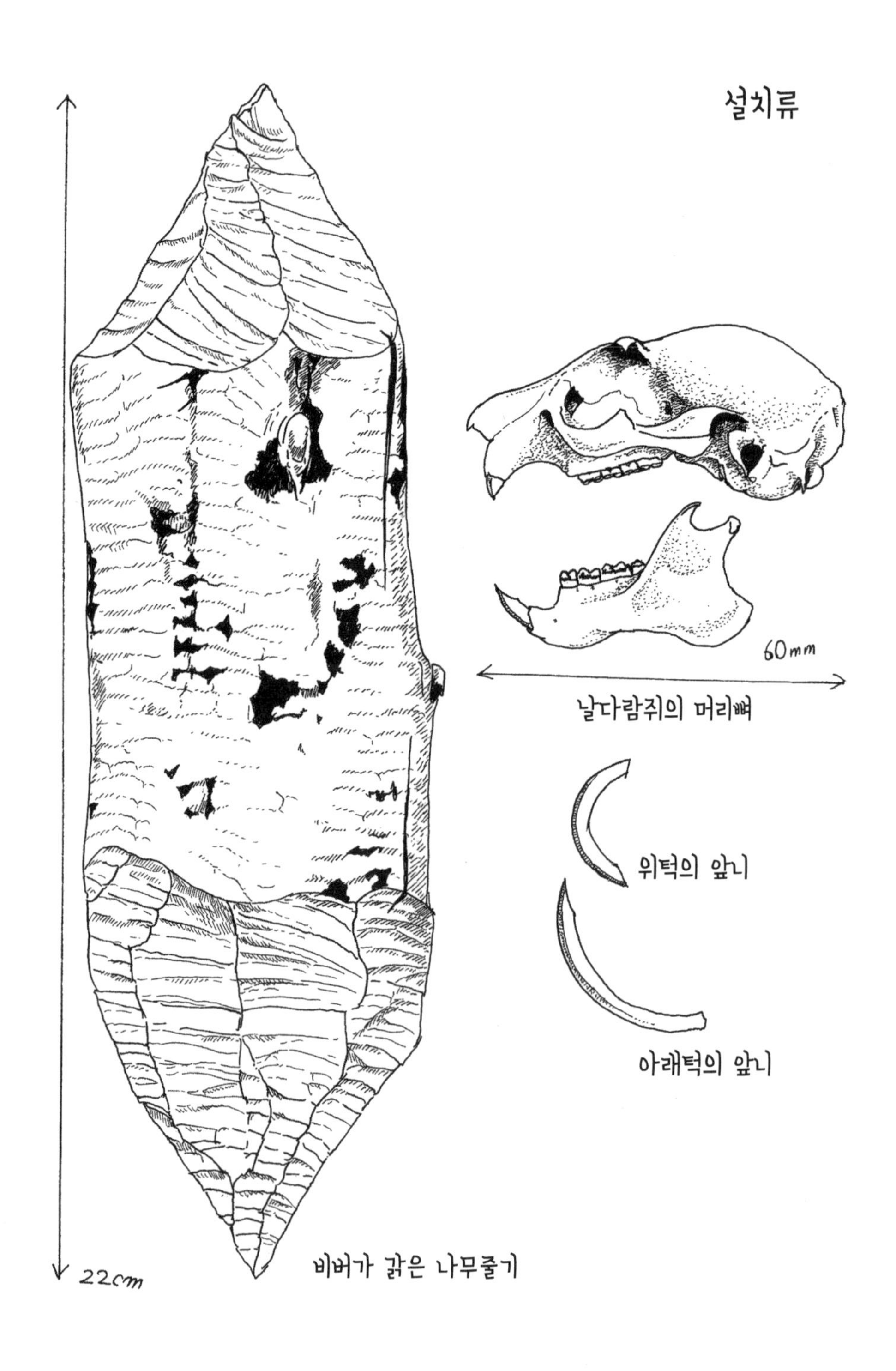
설치류
22cm
60mm
날다람쥐의 머리뼈
위턱의 앞니
아래턱의 앞니
비버가 갉은 나무줄기

닫고 앞니만 입 밖으로 내민다. 이렇게 하면 갉아서 나온 찌꺼기들이 입 안으로 들어가지 않는다.

설치류의 머리뼈를 살펴보면 나무를 갉는 데 최적화되어 있다는 것을 알 수 있다.

"이 머리뼈의 주인은 딱딱한 것을 갉아 먹는 동물이야. 이번에는 어떤 동물일지 맞혀 보렴."

나는 그렇게 말하면서 다음 머리뼈를 꺼냈다.

"이것도 내가 자유숲 학교에 있을 때 직접 주워서 골격 표본으로 만든 거야."

난 다시 책상 사이를 거닐며 아이들에게 뼈를 보여 주고 만져 보게 했다.

"공룡이에요?"

"뱀이에요?"

"야, 뱀은 이런 이빨이 없어."

아이들은 적극적으로 의견을 주고받았다.

"그럼 뭘까?"

"저요! 저요!"

순식간에 몇 명이 손을 들었다. 역시나 또 다양한 대답이 쏟아진다. 세상 모든 동물의 이름이 다 나온다. 사자, 악어, 개, 고양이, 호랑이, 공룡. 뼈를 가까이에서 보는 일은 흔치 않으므로 뼈라고 하면 공룡을 연상하는 아이가 의외로 많다.

"안킬로사우루스!"

공룡 이름을 이렇게 구체적으로 말하는 아이도 있다. 또 파충류의



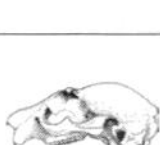

이름도 많이 나온다. 앞서 보여 준 날다람쥐의 머리뼈와 비교했을 때 이 동물은 송곳니가 있기 때문이다.

악어, 카멜레온, 도마뱀, 방울뱀, 아나콘다 등 다양하다. 아이들이 뱀을 자주 언급하는 이유는 오키나와에 유명한 독사인 반시뱀이 있기 때문인 것 같다.

참고로 파충류 이빨은 기능 분화가 되어 있지 않아서 앞니, 송곳니, 어금니의 구분이 없다. 이빨의 크기는 다르지만 기본적으로 모두 똑같이 생겼다. 이빨마다 다른 기능을 갖는다는 점 역시 포유류의 특징이다.

"안타깝지만 아무도 정답을 맞히지 못했어. 하지만 정답에 가까운 사람은 있었어. 우선 이 동물은 뭘 먹고 살 것 같아?"

"고기요!"

"그래, 엄니도 뚜렷하게 있고 이빨이 뾰족하니까. 그런데 고기를 먹는 동물은 크게 두 종류로 나뉜단다."

이 말을 하고 난 다시 부스럭거리며 뼈를 꺼냈다.

"또 뼈인가 봐!"

아이들이 소리를 질렀다.

이번에 꺼낸 것은 개의 머리뼈와 고양이 머리뼈였다.

개와 고양이만은 삶아서 뼈를 바르고 싶지 않다. 이것은 이미 살이 다 썩어 뼈만 앙상하게 남은 것을 길에서 주운 것이다. 이빨도 일부 유실되었고 아래턱도 붙어 있지 않다.

개와 고양이는 같은 식육목에 속하지만 머리뼈는 전혀 다르게 생겼다. 개는 코끝이 길어 사냥을 할 때 후각을 이용한다는 것을 알 수

너구리는 몇 번일까?

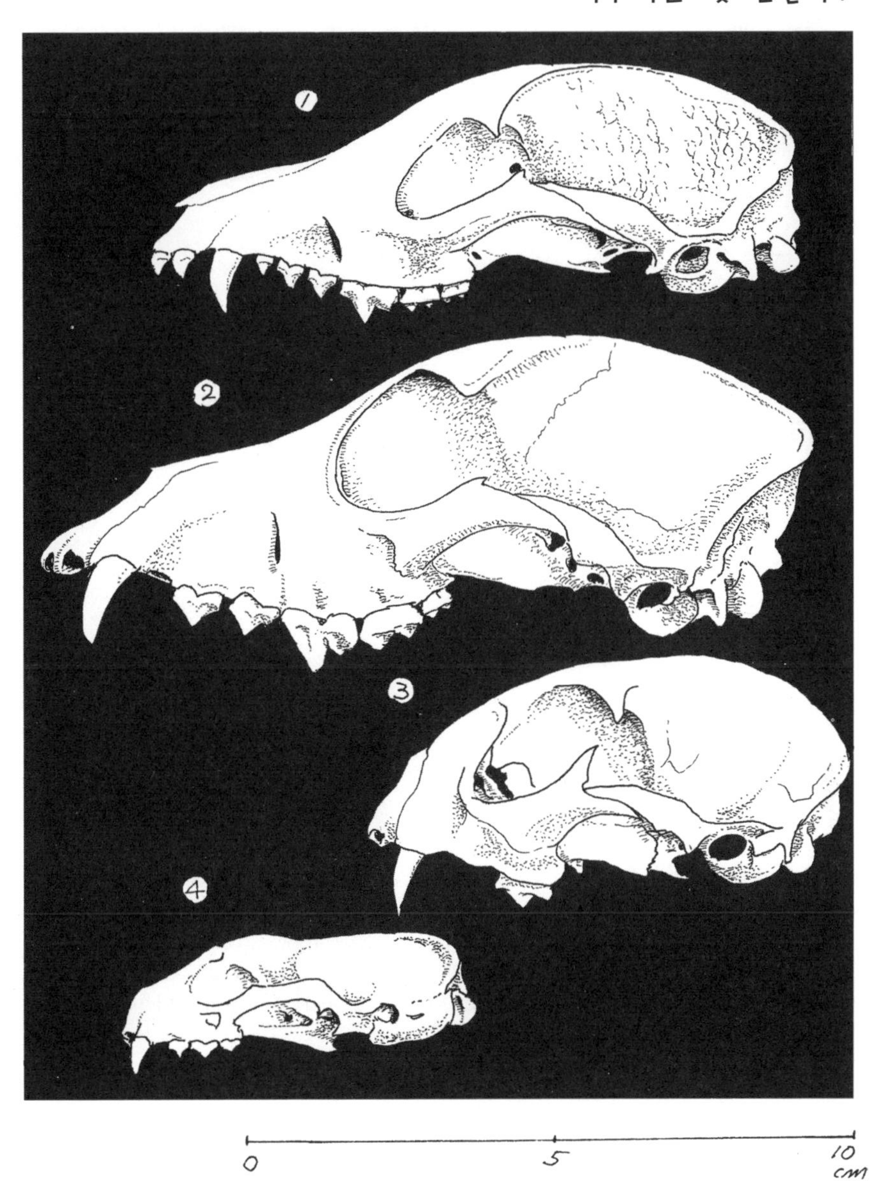


① 너구리 ② 개 ③ 고양이 ④ 족제비

있다. 반면에 고양이는 머리뼈가 둥그스름하다. 후각보다는 시각에 의존한다는 것을 알 수 있다. 개가 추적형이라면, 고양이는 잠복형이다. 그리고 내가 개와 고양이의 머리뼈보다 먼저 보여 준 머리뼈는 개의 머리뼈와 비슷하게 생겼다.

"너구리야."

"네?"

답을 듣고는 모두들 의외라는 반응이다.

오키나와에는 너구리가 없다. 그러므로 이 문제를 맞히기는 어려웠을 것이다. 하지만 본토의 아이들에게 보여 주어도 역시나 비슷한 반응을 보일 것이다. 애니메이션이나 너구리 모양 장식품을 보면 너구리 머리가 둥그스름하기 때문이다. 하지만 너구리 머리뼈는 전혀 둥그스름하지 않다.

"지금까지 본 것처럼 나는 뼈를 좋아해. 나는 사이타마에 살다가 오키나와로 왔는데, 오키나와에서도 동물의 뼈를 찾을 수 있었어. 이것은 오키나와에서 찾은 동물 뼈야. 어떤 동물인지 맞혀 보렴."

배낭 안에서 머리뼈가 담긴 비닐봉지를 꺼내자마자 교실 안이 시끌시끌해졌다.

"와, 크다!"

지금까지 보여 준 날다람쥐나 너구리 머리뼈에 비하면 훨씬 큰 뼈였다.

먼저 아이들에게 만져 보도록 한 뒤 어떤 동물이라고 생각하는지 물었다.

"코뿔소예요?"

"오키나와에 코뿔소가 있을까?"

이번에도 아이들은 이 동물 저 동물을 외쳤다.

"오키나와에 있는 동물이라니까."

다시 한 번 강조하자 어떤 남자아이가 '시사'라고 대답했다. 이 말을 들은 아이들이 모두 웃음을 터뜨렸다. '시사'라는 것은 오키나와의 전통 사자 장식물을 말하기 때문이다.

한참 더 이야기가 오간 후 아이들은 소, 말, 염소, 돼지와 같은 가축의 머리뼈라는 것을 알아챘다.

아이들에게 손을 들라고 하니 다음과 같은 결과가 나왔다.

말 – 21명

염소 – 6명

돼지 – 3명

소 – 2명

답을 알려 주자 모두들 깜짝 놀란다. 왜냐하면 정답은 '돼지 머리뼈'였기 때문이다. 사람들은 보통 돼지의 머리를 둥그스름하다고 생각한다.

아이들이 물었다.

"뼈가 더 있어요?"

수업을 시작한 지 30분도 채 지나지 않아 나는 '뼈 아저씨'가 되었다.

# 오키나와의 뼈

## — 영원

나는 사이타마현에서 숲으로 둘러싸인 자유숲 중고등학교의 선생으로 일하다 퇴직하고 3년 전에 오키나와로 이주했다. 자유숲 학교에서 15년간 일했으니 슬슬 새로운 일이 하고 싶어졌고, 제대로 마무리를 지어야겠다고 생각했다.

그때 호시노가 오키나와에 작은 학교를 세우는 일을 시작했다. 호시노도 원래는 나와 함께 자유숲 학교에서 아이들을 가르치다가, 교장직까지 맡은 뒤 나보다 한 발 앞서 은퇴하고 오키나와로 이주했다.

"내가 꿈꾸는 학교를 만들고 싶어. 작은 학교를 세울 생각이야."

호시노는 때때로 사이타마로 돌아와서 자신의 꿈을 이야기했다. 처음에는 그저 남의 일로 여겨 한 귀로 듣고 한 귀로 흘려보냈다.

"그런데 왜 하필 오키나와야?"

호시노는 도쿄에서 태어났다. 그런데 왜 오키나와에다 학교를 세우려고 하는 것일까?

"오키나와에는 장소의 힘이 있어."



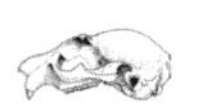

내 질문에 대한 호시노의 대답은 그때에는 와닿지 않았다.

그러고 나서 얼마 뒤 나는 학교를 그만두기로 결심했다. 막상 사표를 제출하고 나니, 여태 이런저런 생각을 하긴 했지만 무슨 일을 하든 아이들을 가르치며 지내고 싶다는 걸 깨달았다.

어딘가에 소속이 되어 있는 것이 안정감을 줄 것 같았다. 새로운 일을 하고 싶다고 말하면서도 나는 줄곧 생물과 관련된 일을 했고 아이들을 가르치는 일도 계속해 왔다. 생물과 관련이 없는 일은 나와 어울리지 않을 것 같았다.

내가 학교를 그만뒀다는 소식을 들은 호시노가 사이타마에 들렀을 때 나를 만나러 왔다.

"내년에 학교를 세우기 시작할 거야. 퇴직 후에도 아이들을 가르치고 싶은 마음이 남아 있다면 오키나와로 와서 그 일을 도와줬으면 좋겠어."

어렸을 때부터 나는 남쪽 지방을 동경해 왔다. 자유숲 학교에 근무할 때도 해마다 한 번씩은 오키나와로 여행을 갔다. 그리고 꼭 한 번은 오키나와에서 살아 보고 싶었다. 하지만 하는 일 없이 오키나와에서 생활하는 것보다는 아이들을 가르치며 머물고 싶었다.

'학교를 만드는 일을 함께할 기회는 쉽게 오지 않아. 호시노가 어떤 학교를 만드는지도 보고 싶어.'

그런 호기심도 끓어올랐다.

나는 퇴직을 하고 오키나와에 정착하기로 결심했다.

"마침 옆집이 이사를 가서 비었으니까 거기로 들어오면 좋을 것 같은데, 어때?"

호시노가 전화로 그렇게 말했을 때 나는 깊이 생각하지 않고 바로 승낙했다. 오키나와에는 아는 사람이 호시노밖에 없었기 때문에 집을 구하기도 쉽지 않을 거라고 생각했기 때문이다.

그렇게 나의 오키나와 생활이 시작되었다.

막상 오키나와로 이사를 하고 나서야 뭔가 잘못 생각했다는 것을 깨달았다. 나는 나하 시내에 있는 아파트를 빌렸다. 교통이 매우 편리한 곳이다. 근처에 편의점도 있고 조금만 걸어가면 술집도 있고 전통 시장도 있다. 하지만 나에게는 숲이 가장 필요했다.

사이타마에 살 때는 집에서 5분이 채 안 되는 곳에 숲이 있었다. 그런데 나는 하고많은 곳들 중 하필이면 번화한 곳으로 이사를 했던 것이다.

그때까지 수도 없이 오키나와로 여행을 왔지만 목적지는 한결같이 이리오모테섬이었다. 비행기를 갈아타기 위해서 오키나와에 잠깐 들르기만 했을 뿐 꼼꼼하게 둘러보지는 않았다.

오키나와 북부에는 얀바루라는 지역이 있는데, 울창한 숲이 많아 자연의 보고로 유명하다. 반면 나하를 중심으로 하는 오키나와 남부는 옛날부터 사람의 손이 닿아 농경지가 많고 마을이 발달했다. 게다가 제2차 세계 대전 때는 완전히 파괴되기도 했다.

지리적인 요인도 있다. 오키나와는 섬이다 보니 사람들이 평지는 남김없이 개간했다. 또한 오키나와는 태풍이 잦아 태풍의 위력을 이겨 내기 위해 건물들을 콘크리트로 만들어 나하에서는 더더욱 녹지를 보기 어렵다.

푸른 바다와 산호초, 정글과 거기서 서식하는 진귀한 생물들, 1년

# 오키나와 주변 지도

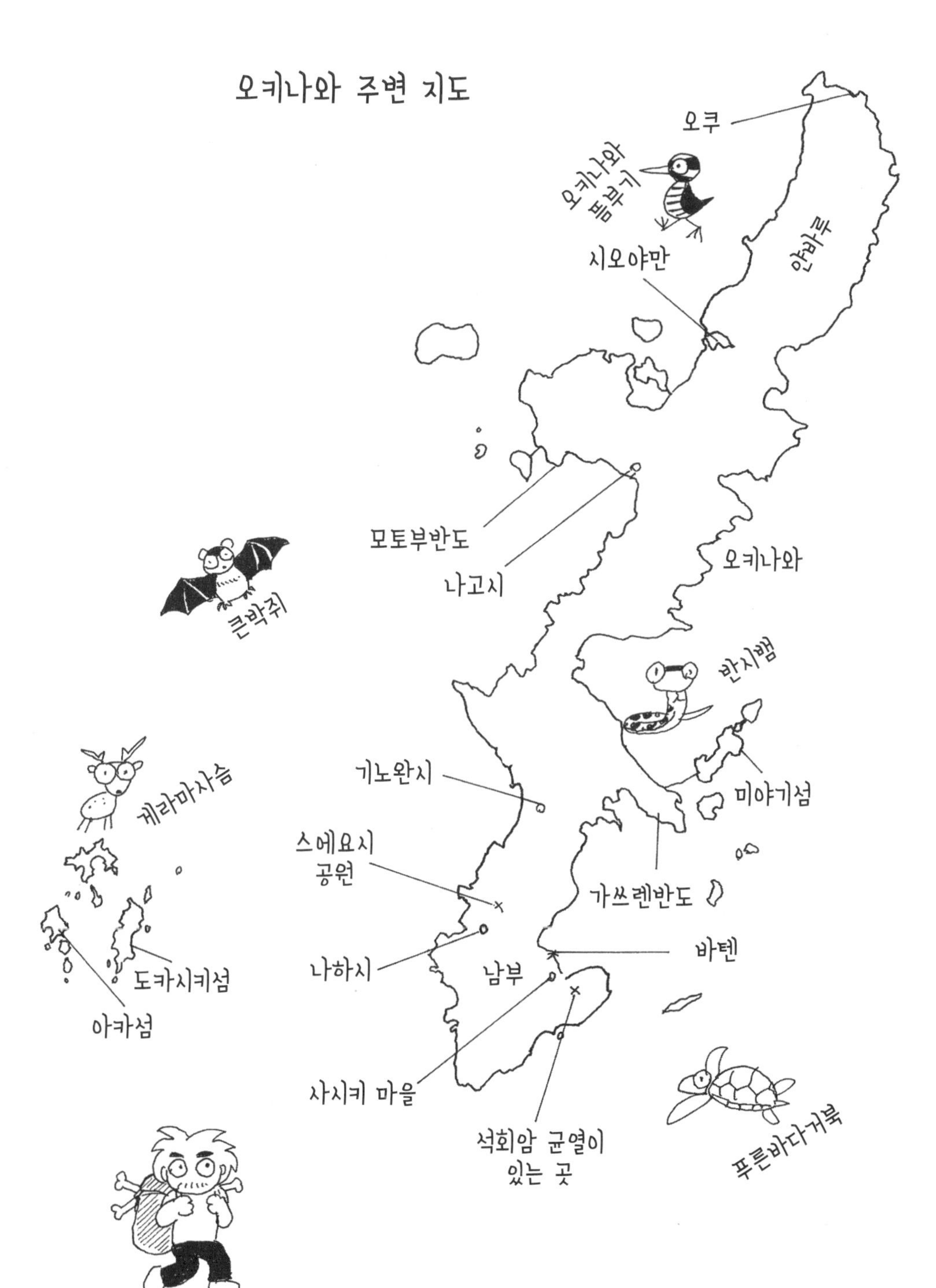

오쿠
오키나와 뜸부기
시오야만
얀바루
모토부반도
나고시
오키나와
큰박쥐
반시뱀
기노완시
미야기섬
게라마사슴
스에요시 공원
가쓰렌반도
나하시
바텐
남부
도카시키섬
아카섬
사시키 마을
석회암 균열이 있는 곳
푸른바다거북

내내 꽃들이 흐드러지게 피어 있고 나비가 춤을 춘다. 그리고 무서운 독을 가진 반시뱀도 있다. 오키나와의 자연이라고 하면 아마도 대부분 이런 모습을 상상하지 않을까?

하지만 우리 집 창문에서는 오로지 콘크리트 건물들만 눈에 들어온다. 그래도 집 주변을 여기저기 돌아다녔다. 차를 살 여유가 없어서 걸어갈 수 있는 곳, 아니면 버스로 갈 수 있는 범위 안에서 숲을 찾기로 했다.

얼마 뒤, 집에서 30분 정도 떨어진 곳에 스에요시 공원이 있다는 것을 알게 되었다. 스에요시 공원은 정비된 숲이지만 나하 시내에 그나마 남아 있는 자연이라 귀중한 곳이다.

오키나와는 5월부터 여름 날씨다. 걸어서 30분이라고는 하지만 이글거리는 태양 아래 포장도로를 걷는 것은 보통 힘든 일이 아니다. 공원까지 걸어가는 동안 체력이 바닥났다. 공원의 절반은 잔디와 나무를 심어 두었고, 나머지 반은 석회암 지역에서 자주 볼 수 있는 생달나무와 무화과나무가 무성하게 우거져 있었다.

곳곳에 '반시뱀 주의'라는 표지판이 서 있었다. 그 표지판을 보니 무서워서 도무지 숲으로 들어갈 마음이 들지 않았다. 사이타마의 숲과 달리 마치 정글처럼 우거진 데다 모기의 공격도 굉장했다. 공원이라고는 하지만 숲에는 무덤이 많았다. 오키나와 남부는 묘들이 녹지 대부분을 차지하고 있다. 사정이 이렇다 보니 어렵게 공원까지 가도 보도블록만 어슬렁어슬렁 걷다가 돌아오는 일이 많았다. 점점 불만이 쌓여 갔다.

"이건 아니야!"

큰맘 먹고 오키나와에 정착했는데 이래서는 안 되겠다 싶었다. 어떻게 해서든 오키나와에서 나의 숲을 찾아야 했다.

이번에는 항구에서 배를 타고 가장 가까운 섬으로 가 보기로 했다. 다른 섬으로 가면 나하와 달리 자연이 아직 충분히 남아 있을 거라고 기대하면서.

나하 앞바다에 있는 도카시키섬은 우리 집에서도 바라보이는 곳으로, 배를 타고 한 시간 남짓 가면 된다. 당일치기로 다녀오면 네 시간 정도 머물 수 있는데, 섬이 작아서 걸어서 여기저기를 돌아다닐 수도 있다.

도카시키섬이 기대를 저버리지 않아 기분이 좋아졌다. 작지만 나지막한 산도 있고, 그 산에는 나무들이 무성했다. 돌참나무나 모밀잣밤나무처럼 친숙한 나무들도 볼 수 있었다. 오키나와는 농촌으로 가도 사탕수수 밭만 펼쳐져 있는데, 이 섬에는 골짜기를 따라 경작지가 펼쳐져 있었다. 오키나와에 온 뒤 처음으로 가까이에서 이런 풍경을 보니 사이타마가 그리워졌다.

섬 안을 돌아다니면서, 길에서 자주 볼 수 있는 것이 있다는 것을 깨달았다. 말라비틀어진 영원 사체였다. 오키나와에 서식하는 영원은 본토에 사는 영원과는 다른 종이다. 정확한 이름은 '칼꼬리영원'이다. 배는 똑같이 빨갛지만, 본토의 영원과 비교하면 몸에 비해 꼬리가 길다.

섬에 있는 논을 살펴보면 왕우렁이에 섞여 칼꼬리영원이 많이 헤엄쳐 다닌다. 논 옆의 도로나 산기슭의 길에도 영원이 꾸물꾸물 기어다닌다. 그러다가 차에 치이기도 하고 강한 햇볕에 타서 미라가 되기

# 도카시키섬

## 물토란을 심은 논밭 주변

도 한다.

나는 동물의 사체를 줍는 것을 매우 좋아한다. 그래서 속으로 쾌재를 부르며 말라비틀어진 영원을 주웠다. 하지만 반대로 말하면 주울 수 있는 것이 오직 영원의 사체밖에 없었다는 뜻이다. 오키나와에 와서 마침내 깨달은 사실은, 오키나와에는 포유류보다 양서류나 파충류가 훨씬 더 다양하게 서식한다는 사실이었다.

사이타마에서는 길을 걸으면서 교통사고를 당한 동물들을 주울 수 있었다. 너구리, 여우, 라쿤, 날다람쥐, 산토끼, 족제비, 흰코사향고양이 등을 주울 수 있었는데, 대부분 포유류였다. 이 동물들의 사체를 주워 학생들과 골격 표본을 만들곤 했다.

그런데 이런 동물들은 오키나와에는 살지 않는다. (일부 섬에 족제비가 들어와 살고 있긴 하다.) 사이타마에 살 때는 양서류나 파충류를 줍는 일은 거의 없었다. 때때로 학생들이 죽은 뱀을 주워 왔지만, 하나같이 약액에 담가 보존한 뒤 냉동실로 들어갔다. 뱀이나 도마뱀, 개구리는 뼈를 바르는 것이 번거로웠고 포유류만으로도 해부를 하거나 골격 표본을 충분히 만들 수 있었기 때문이다.

"오키나와에서는 포유류를 주울 수 없구나."

말라 버린 영원 사체를 주우면서 나는 그 점을 깨달았다.

오키나와로 이사하기로 결심했을 때 더 이상 골격 표본을 만들 일은 없을 거라고 막연히 생각하고 있었다. 뼈를 바르는 것은 이제 끝났다고 생각했다. 그래서 그동안 만든 골격 표본을 대부분 학교에 그대로 남겨 두고 왔다.

그렇지만 뼈 바르기는 어느새 습관이 되어 버린 모양이었다. 주워 온 영원을 보니 역시 뼈를 발라야겠다는 생각이 들었다. 작은 냄비에 영원 한 마리를 넣고 끓이기 시작했다. 푹 끓인 영원의 위 속에서 바구미 한 마리, 민물에 서식하는 왼돌이물달팽이 한 마리, 애기물달팽이가 여섯 마리, 그리고 새끼 달팽이 여섯 마리가 나왔다.

이것을 보고 조금 놀랐다. '양서류'라고 하면 보통 개구리를 가장 먼저 떠올리는데, 개구리는 날아다니는 곤충에 반응해 잡아먹는다고 알고 있었기 때문이다. 하지만 영원의 위 속에는 민물 달팽이나 민물조개가 들어 있었다. 이렇게 거의 움직이지 않는 생물을 인식해서 잡아먹을 수 있다는 사실에 놀란 것이다. 지금까지 양서류나 파충류를 접하지 않았던 만큼 사소한 발견조차도 신선했다.

솔직히 말해 나는 양서류나 파충류를 그다지 좋아하지 않는다. 살아 있는 것들을 대체로 다 좋아하지만 어렸을 때 내가 접했던 생물들은 대부분 포유류였고, 파충류와 양서류를 접해 볼 기회는 거의 없었다. 그래서 양서류나 파충류를 대하는 건 조금 어색하다. 물고기나 새도 마찬가지다.

생물과 만나는 내 나름의 방식은 뼈를 바르는 것이다. 영원을 삶은 다음 뼈를 바르려고 했지만 쉽지 않았다. 양서류의 골격은 포유류에 비해 가늘고 세밀하다. 흩어진 뼈를 짜 맞추려고 했지만 손과 뼈 모두 접착제투성이가 되어 그냥 포기하고 말았다.

사이타마에서 너구리를 자주 주운 것처럼 오키나와에서는 영원을 자주 주울 수 있는 것일까? 하지만 나는 아직 나의 숲을 찾지 못했다.

그러던 중 예상치 못한 전환기가 찾아왔다.



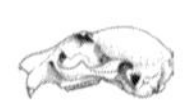

# 영원 말린 것

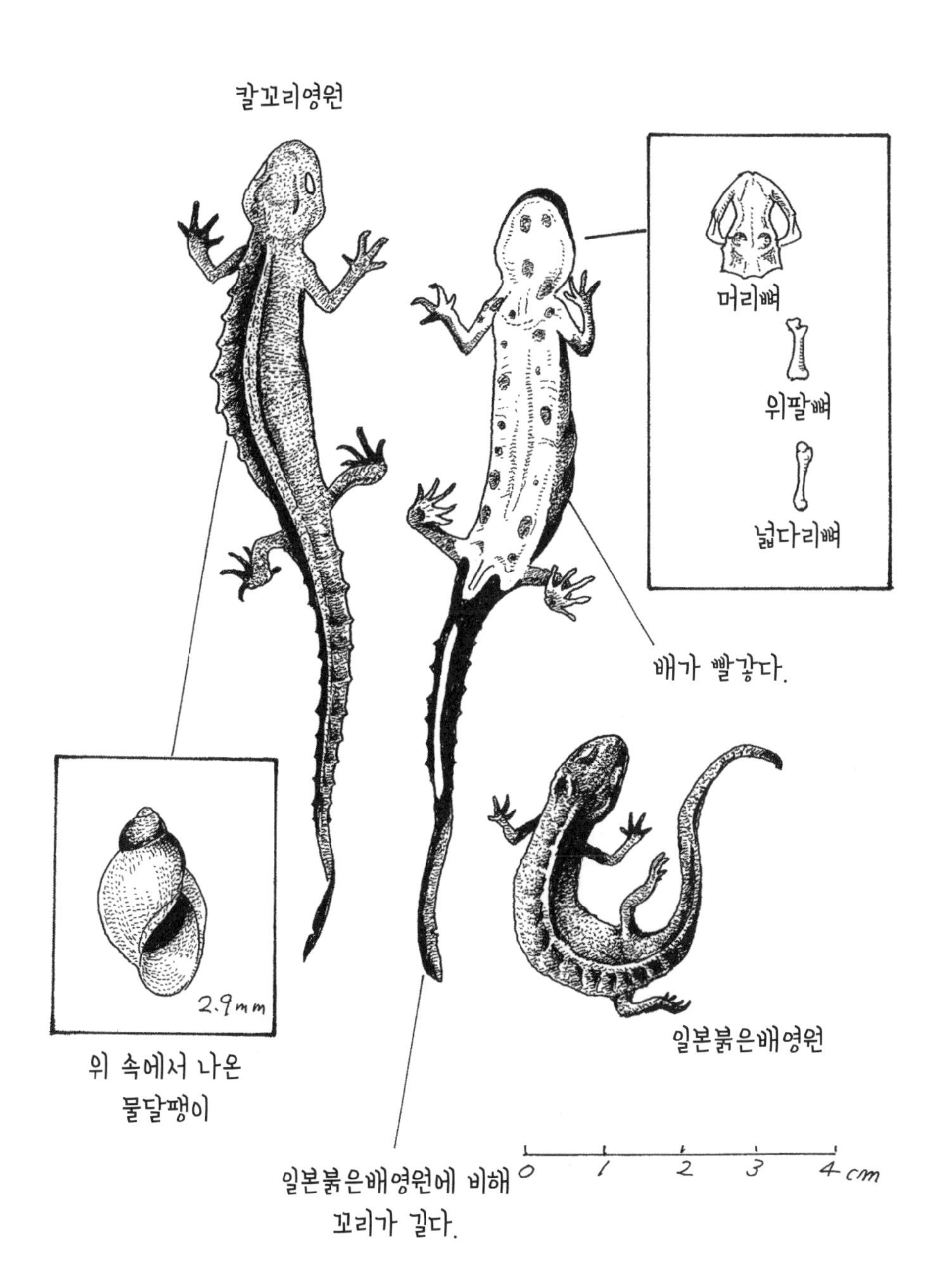

칼꼬리영원
머리뼈
위팔뼈
넓다리뼈
배가 빨갛다.
2.9mm
위 속에서 나온
물달팽이
일본붉은배영원
0 1 2 3 4 cm
일본붉은배영원에 비해
꼬리가 길다.

# 어묵의 뼈

— 돼지 1

"학교를 설립하는 걸 도와줬으면 해."

호시노는 이렇게 말했다.

학교 이름은 '산호 학교'라고 정해졌다. 우리는 기존 교육 제도에서 벗어나고 싶었다. 자금도 없었고, 작은 학교를 만들겠다는 생각에서 시작되었다. 학교 건물도 새로 짓는 것이 아니라 나하 시내의 사무실을 빌려서 사용하기로 했다.

어떤 학교를 만들지에 대해서는 내가 오키나와에 온 이후에도 몇 번이고 바뀌었지만, 결국 방송 통신 고등학교를 지원하는 보조 학교로 결정되었다. 보조 학교는 방송 통신 학교의 교육 과정에서 과제물이나 수업을 보충해 주는 학교다.

하지만 이것만으로는 조금도 특별하지 않다. 학교 수업 과정은 오전에는 방송 통신 학교의 수업을 보조하고, 오후에는 산호 학교만의 독자적인 수업을 진행하기로 결정했다. 오후 수업의 과목 이름은 '오키나와학', '평화학', '아시아학', '자연학'으로 정했다. 국어, 수학 같은 기존의 과목들과 차별화를 꾀한 것이다.

대부분 호시노 혼자서 학교를 설립하는 기초 작업을 해 왔다. 나는 교사 면접에 자리를 함께하거나 학교 자리를 보러 함께 다니는 정도였다. 도와주는 것도 없이 시간만 흘렀다. 오키나와로 이주한 지도 반년이 지났다. 이듬해 봄 개교할 때까지 반년이 남았고, 드디어 학생을 모집하는 단계에 들어갔다.

그러던 어느 날 호시노를 도와 일을 마치고 귀가하던 길에 호시노가 단골 술집에 데리고 갔다. 안주로 어묵이 나왔다. 오기 전까지 몰랐는데 오키나와에도 독자적인 어묵 요리가 있었다. 오키나와 어묵은 본토와 달리 상추나 양배추가 들어가는 것이 특징이다. 그리고 또 하나는 돼지 발끝, 즉 족발이 들어간다는 특징이 있다.

이날 나는 어묵을 뜯어 먹으면서 깨달았다, 어묵을 다 먹고 나면 뼈가 남는다는 사실을. 오키나와에서는 포유류의 뼈를 보기 힘들다고 생각했는데, 어묵을 먹고 나니 눈앞에 포유류의 뼈가 떡하니 놓여 있었다.

나는 그 뼈를 싸 가지고 왔다. 족발 뼈에는 간장과 기름이 배어 있었다. 그래서 뼈를 여러 번 삶았다가 헹구기를 반복했다. 깨끗해진 뼈를 잘 말려서 짜 맞추었다.

족발로 골격 표본을 만드는 법에 대해서는 전작인 《뼈의 학교》에서 야스다가 자세히 설명했다. 하지만 나는 오키나와에서 족발을 먹기 전까지는 족발로 뼈를 바르려고 시도한 적이 없다. 무슨 일이든 자기 자신과 직접 연관된 일이어야 흥미가 생기는 법이다.

어묵에 들어 있던 돼지 발은 먹기 편하게 발톱을 자르고 가로로 반

토막을 냈다. 그러므로 완성한 골격은 위 절반이거나 아래 절반 어느 한쪽이다. 그래도 어묵을 다 먹고 남은 뼈로 골격 표본을 만들었다는 점에 스스로 놀랐다.

어묵의 뼈를 짜 맞춘 바로 다음 날이었다. 호시노의 소개로 만난 작은 여행사 사장 고야 씨가 나에게 한 가지 부탁을 했다.

"오키나와 아이들에게 얀바루 숲을 안내해 주셨으면 합니다."

호시노가 어떻게 말을 했는지, 고야 씨는 나를 오키나와 생물 전문가라고 생각하는 것 같았다. 조금 당황스러웠다.

"저는 얀바루에 몇 번 가 보지도 못했어요."

하지만 고야 씨가 어찌나 간곡히 부탁하는지 받아들일 수밖에 없었다. 나는 아직 오키나와에서 마음에 드는 숲도 찾지 못했고, 얀바루의 숲도 몇 번 가 보지 못했다. 그런 내가 무엇을 할 수 있을까?

제안을 수락한 뒤에 고민이 시작되었다. 사이타마의 숲을 안내하는 것이라면 고민할 것도 없다. 배낭에 너구리와 날다람쥐의 머리뼈를 준비해서 숲으로 갔을 것이다. 그리고 숲길을 걷다가 너구리 길을 발견하면 너구리 머리뼈를 꺼내 들고 열심히 설명했을 것이다.

"이것은 너구리 길이야."

나는 선생님이지만 의외로 낯가림이 심한 편이다. 하지만 뼈가 있다면 누구에게든 자연에 대해 막힘 없이 술술 설명할 수 있다.

"얀바루에 너구리 머리뼈를 가지고 가는 것도 나쁘지 않을 거야."

그래도 여전히 고민했다. 영원의 골격 표본 만들기에 실패한 후에도 기회가 되면 조금씩 뼈 바르기에 도전했고, 반시뱀, 큰박쥐, 작은 류큐땃쥐 같은 오키나와 동물들의 골격 표본을 갖고 있기는 했다.

## 어묵의 뼈

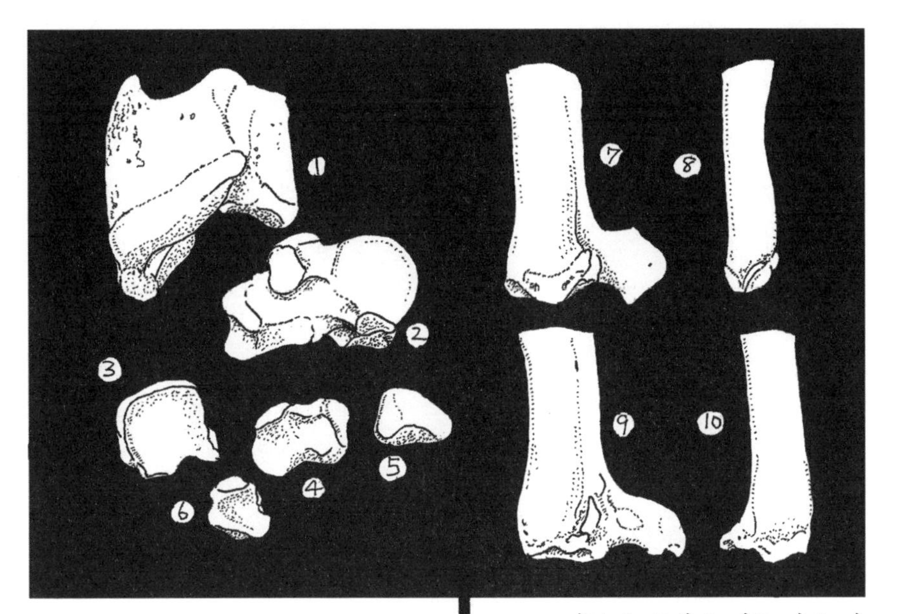


어묵 속 족발을 먹고 남은 뼈

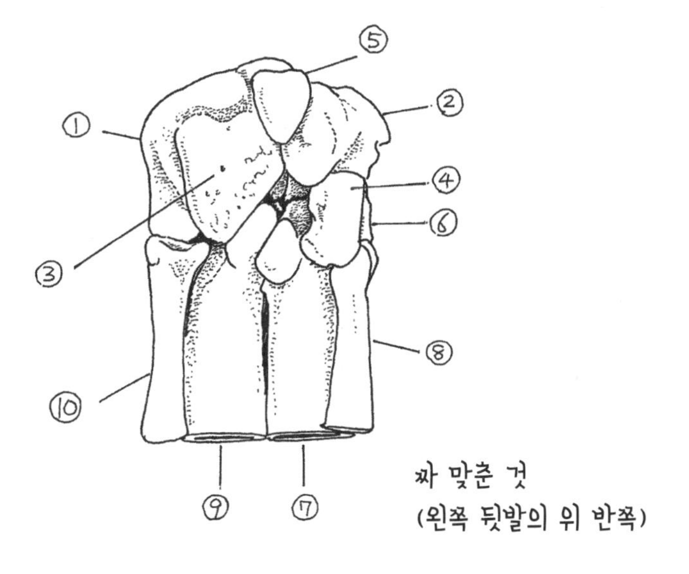


짜 맞춘 것
(왼쪽 뒷발의 위 반쪽)

"되도록 이곳에 사는 생물들의 뼈를 가지고 가자."

고민 끝에 결정했다.

나는 반시뱀의 골격 표본과 함께 어묵을 먹고 만든 돼지 발 골격 표본을 배낭에 집어넣었다.

그날 나하에서 얀바루까지 한 시간 반 동안 버스를 탔다. 나는 참가한 학생들과 학부모들에게 골격 표본을 보여 주면서, 오키나와의 생물에 대해 많은 이야기를 했다.

얀바루의 숲을 한 번 돌아보고 일정을 무사히 마친 뒤 버스를 타고 돌아오는 길이었다.

초등학교 4학년인 아스카가 나를 돌아보며 말을 걸었다.

"뼈 보여 주세요."

"어떤 뼈를 보여 줄까?"

"돼지 발뼈요."

아스카는 반시뱀도 박쥐도 아닌 어묵의 뼈가 마음에 든 것이다.

"저도 해부도 하고 골격 표본도 만들어 보고 싶어요."

초등학교 4학년 다이시도 이렇게 말했다.

오키나와의 아이들도 뼈를 좋아한다. 나는 그 사실을 알게 됐다.

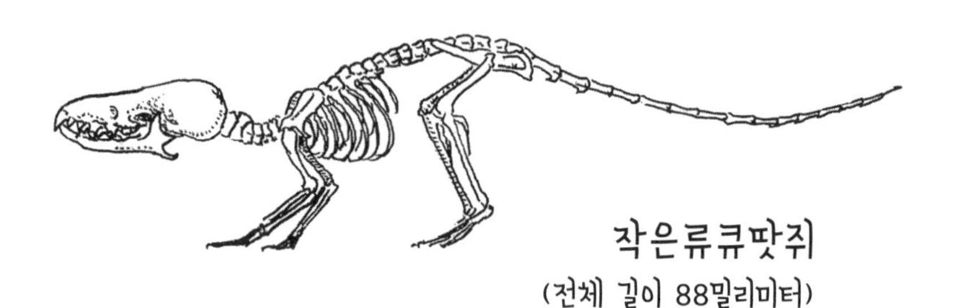

작은류큐땃쥐
(전체 길이 88밀리미터)

이때 다시 본격적으로 뼈를 관찰해야겠다고 마음먹었다. 그것도 오키나와 땅에서. 이것이 나에게 전환기가 되었다.

오키나와에서는 뼈를 주울 일이 없을 거라고 생각했는데, 내 생각이 짧았다. 오키나와에서만 주울 수 있는 뼈도 있을 것이다. 그렇게 생각을 바꾸어 보았다.

아스카가 마음에 들어 한 것은 어묵의 뼈였다. 그중에서도 돼지의 왼쪽 뒷발 뼈 윗부분이었다.

오랜만에 발뼈 전체를 맞춰 볼까, 하는 생각이 들어 나하에서 가장 번화한 시장으로 갔다.

생선 가게에는 다채로운 빛깔의 열대어들이 진열되어 있었고 정육점에는 돼지고기가 수북이 쌓여 있었다. 정육점을 다니며 족발을 찾았다. 조리되기 전의 족발은 많지만 하나같이 발끝이 잘려 있었다. 그걸로 골격 표본을 만들고 나면 별로 보기가 안 좋다. 겨우 한 가게에서 발끝이 잘리지 않은 족발을 찾아냈다. 하나에 180엔이다.

그것을 사 와서 냄비에 넣고 푹 삶았다. 살이 어느 정도 부드러워졌을 때 뼈만 남기고 살을 떼어 냈다. 이 뼈에는 아직 기름기가 남아 있다. 어묵의 뼈를 짜 맞출 때처럼 물에 끓였다가 헹구기를 반복해 뼈에서 기름을 제거했다. 이 과정이 만만치가 않다. 완전히 건조시킨 뒤 짜 맞추자 역시 어묵의 뼈보다 훨씬 멋진 골격 표본이 완성됐다.

이 골격 표본이 앞으로 멋진 활약을 펼치게 된다.

산호 학교의 입학 설명회에서 나도 강연을 하기로 했다. 그 자리에 돼지 발 골격 표본을 가져갔다.

입학 설명회에 모인 사람들 앞에서 먼저 호시노가 설명을 했다. 다



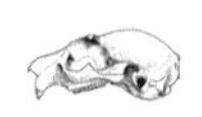

음으로 내가 돼지 발 골격 표본을 들고 나가, 새로 개교하는 학교에서 내가 어떤 수업을 하고 싶은지 이야기를 했다.

돌아오는 길에 호시노가 수고했다면서 한잔하러 가자고 했다. 이번에는 어묵 전문점이었다.

한참 수다를 떨면서 술을 마시다가, 호시노가 사장인 미야코 씨에게 "오늘은 재미있는 것을 가져왔어요." 하며 말을 건넸다. 그리고 내 돼지 발 골격 표본을 카운터 위에 올려놓았다.

"하이힐 같지요?"

나는 그렇게 말했다. 돼지 발은 뒤꿈치가 땅에 닿지 않는다. 발끝으로 서 있는 모습이 꼭 하이힐을 신은 것처럼 보인다.

"그렇네요. 하이힐을 달라고 주문하는 사람도 있겠어요."

미야코 씨가 말했다. 누구나 생각하는 건 비슷하다.

"이건 발톱을 자르지 않았네요."

미야코 씨는 매일같이 돼지 발을 삶지만 뼈를 짜 맞춘 건 처음 봤다고 했다. 오키나와 사람들에게 음식 재료로써의 족발은 익숙하지만, 뼈만 남아 있는 족발은 낯설게 느껴지는 것이다.

잘 아는 것 같지만 사실은 잘 모르는 것, 그 점이 재미있는 것이다. 수업 준비를 하는 데 있어 새로운 시선은 반드시 필요하다. 오키나와에 와서는 수업 현장에서 멀리 떨어져 지냈다. 나는 미야코 씨와 사람들이 얘기하는 것을 들으면서 돼지 발뼈가 수업 교재로 안성맞춤이라는 확신이 들었다.

'돼지 발가락은 몇 개일까?'

그것이 내가 오키나와에서 수업 주제로 생각해 낸 것이다.

# 발가락뼈

## — 돼지 2

다시 앞에서 이야기한 오야마 초등학교 교실로 돌아가자.

나는 돼지 머리뼈를 아이들에게 보여 주고, 이번에는 돼지의 발에 대해 이야기하기 시작했다.

"사람은 발가락이 다섯 개지. 그렇다면 돼지는 몇 개일까?"

내가 묻자 아이들이 다시 소리치기 시작했다.

"두 개요!"

"세 개요!"

"다섯 개인가?"

"네 개일 것 같아요!"

그중에는 '0개'라는 소리와 장난스럽게 '여덟 개'라고 외치는 소리도 들렸다.

돼지 발가락은 몇 개일까? 사람들은 이것을 잘 아는 것 같지만 사실은 잘 모른다. 돌아오는 대답도 가지각색이다.

"족발을 아주 좋아해서 일주일에 두 번은 먹어요."

이렇게 말했던 초등학교 선생님이 발가락 개수를 물으니까 고개를 갸웃거린다.

오야마 초등학교에서 360명의 답을 정리해 보니 아래와 같았다.

0개 – 3명

한 개 – 21명

두 개 – 195명

세 개 – 68명

네 개 – 68명

다섯 개 – 4명

여덟 개 – 1명

두 개라고 생각하는 사람이 단연 많다. 그다음으로 많이 나온 답이 세 개와 네 개다.

이곳저곳에서 강의를 하면서 조사한 숫자와 오야마 초등학교 어린이들의 대답을 합하였다. 이 중에는 물론 어른들의 대답도 포함된다.

총 974명의 의견이다.

0개 – 3명

한 개 – 41명

두 개 – 365명

세 개 – 329명

네 개 – 201명

다섯 개 – 27명

여섯 개 – 5명

여덟 개 – 3명

역시 두 개라고 생각하는 사람이 가장 많고 다음으로 많이 나온 답이 세 개다. 이쯤에서 진짜 뼈를 꺼내어 보여 준다.

발가락 두 개가 커서 확실히 눈에 띈다. 그런데 긴 발가락 양 끝에 발가락 두 개가 또 붙어 있다. 정답은 네 개다. 정답률은 20퍼센트 정도였다.

"맞혔다!"

정답을 맞힌 아이들은 환호성을 질렀다.

돼지 발가락 수를 물어보기 전에는 정답률이 이렇게까지 낮을 거라고 생각하지 않았다. 특히 '세 개'라고 대답한 사람이 의외로 많아서 고개를 갸우뚱했다. 두 개라면 모를까.

하지만 오야마 초등학교 아이들이 쓴 수업 감상문을 읽자 궁금증이 해소됐다.

"처음에는 두 개라고 생각했지만 두 개만 있으면 넘어질 것 같아서 몸을 지탱해 줄 발가락 하나가 더 있을 거라고 생각했어요."

바로 이런 이유였다.

돼지 발가락은 네 개지만 찾아보면 발가락이 두 개나 세 개인 동물들도 있다.

오키나와에서는 염소도 흔하게 먹는다. 특유의 냄새가 있지만 고기값은 돼지고기보다 비싸다. 보통 염소 고기는 탕이나 회로 먹는다.

## 돼지의 발뼈

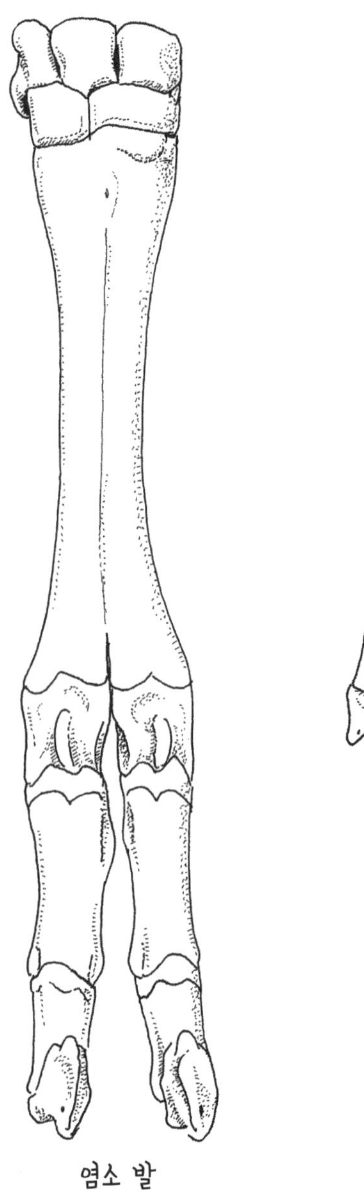

염소 발

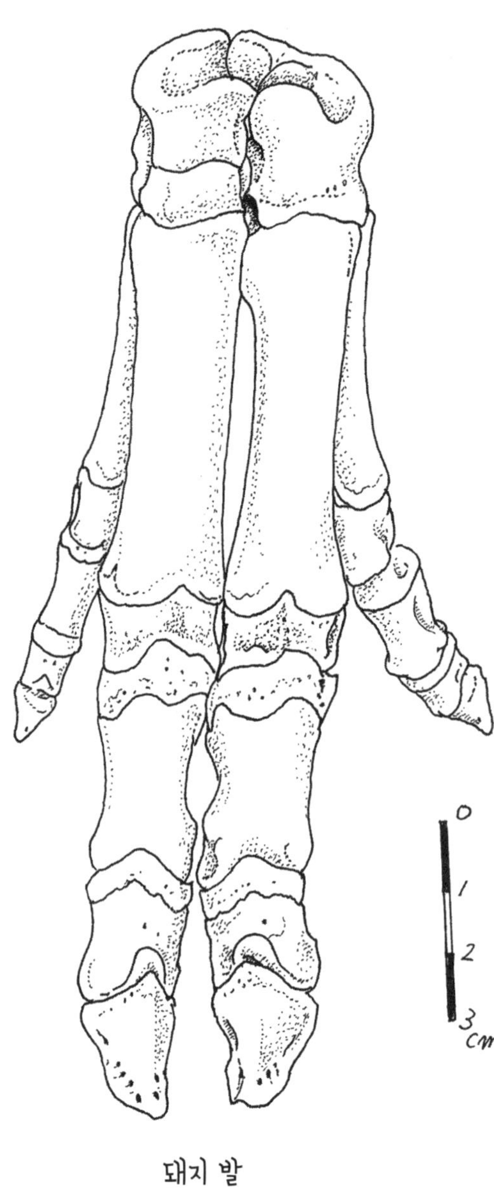


돼지 발

시장에서는 염소 고기도 팔지만 발가락을 구하려면 다리 하나를 통째로 사야 한다. 이것은 가격도 비싸고 다 먹을 수도 없다. 족발 뼈에 흥미를 갖게 되면서 다른 동물의 발가락도 손에 넣고 싶었지만, 이런 이유 때문에 염소의 뼈를 손에 넣는 데에는 한참이 걸렸다.

발가락뼈에 관심을 갖게 된 지 얼마 지나지 않아 도카시키섬 해안에서 반쯤 썩은 염소의 사체를 발견했다. 운이 좋다고 생각하면서 오른쪽 앞다리만 가지고 돌아왔다. 뼈에 붙은 살을 떼어 내느라 시간이 많이 걸렸지만, 운 좋게 염소 발가락의 골격 표본을 만들 수 있었다.

아이들은 염소 뼈를 보면 처음에는 닭이냐고 묻는다. 돼지에 비하면 제법 가늘기 때문이다. 염소는 발가락이 두 개이다. 발가락이 세 개인 동물은 코뿔소가 있는데 코뿔소 발은 주울 수가 없다.

그건 그렇고 동물들은 왜 발가락 수가 모두 다를까?

"돼지 발뼈를 다시 한 번 살펴보자. 하이힐처럼 생겼지? 뒤꿈치가 땅에서 떨어져 있어. 우리도 이렇게 뒤꿈치를 들고 있을 때가 있는데 언제일까?"

"발돋움을 할 때요!"

"춤을 출 때요!"

"그렇지. 또 달리기를 할 때도 우리는 뒤꿈치를 들어. 돼지는 움직임이 둔해 보이지만 사실은 굉장히 빨리 달린단다."

나는 이렇게 설명했다. 그리고 시험 삼아 아이들에게도 직접 해 보라고 했다. 먼저 책상 위에 손바닥이 모두 닿게 붙인다. 그리고 한쪽씩 들어 올리면 사람이 터벅터벅 걸어갈 때의 모습이 된다. 다음에는 손목 관절을 책상에서 조금 띄우고 손을 얹는다. 그리고 한쪽씩 들어

올리면 돼지가 달릴 때의 발 모습이다.

이때 엄지손가락은 책상에 닿지 않는다. 즉 돼지는 다섯 발가락 중에서 엄지발가락이 퇴화하여 발가락이 네 개가 되었다. 그리고 손바닥을 책상에서 더 들면 새끼손가락도 책상에서 떨어져 손가락 세 개만 닿는다. 거기서 좀 더 들어 올리면 책상에는 가운뎃손가락과 약손가락만 닿는다. 이것이 염소다.

"거기서 조금 더 들어 올리면……."

"가운뎃손가락 하나만 붙어요!"

"그래, 맞아. 이렇게 가운뎃발가락 하나로 빠르게 달리는 동물이 있는데, 무엇일까?"

"치타요!"

그렇다, 빨리 달리는 동물로 치타를 잊고 있었다. 그런데 치타는 발가락 수를 줄이는 방법으로 진화하지 않았다. 치타는 용수철처럼 등을 구부렸다가 강하게 펴면서 속도를 낸다. 발가락이 하나밖에 없는 동물은 바로 말이다.

수업을 준비하면서 꼭 갖고 싶은 뼈가 생겼다. 바로 말의 발가락뼈다. 말 뼈는 염소 뼈보다 손에 넣기 더 어렵다. 정육점에서도, 바닷가에서도 말 뼈는 찾을 수가 없기 때문이다.

자유숲 학교에 있을 때 알게 된 학부모 우치다 씨가 그런 내 생각을 우연히 알게 되어, 여기저기 수소문한 끝에 규슈 지역에서 말고기를 생산하는 목장을 찾아 주었다.

당장 목장에 전화를 걸었다.

"말 다리가 필요해서요."

"어느 부위가 필요하신데요?"

"뒤꿈치 아래쪽이면 됩니다. 앞발이든 뒷발이든 상관없어요."

"필요없는 부위라서 몇 족이든 보내 드릴 수 있습니다."

목장에서 흔쾌히 대답했다.

하지만 여러 개 받아도 처치하기 곤란하니, 두 족만 보내 달라고 했다. 보내 준 두 족 모두 예전에 몸담았던 자유숲 학교의 야스다에게 보냈다. 지금 있는 곳에는 커다란 말 다리를 처리할 공간이 없었기 때문에 야스다가 골격 표본을 만들어 다시 보내 주기로 했다. 두 개를 부탁한 까닭은 고마움의 표시로 야스다에게 선물하고 싶었기 때문이다.

그렇게 손에 넣은 말의 발가락뼈를 초등학교 교실에서 아이들에게 보여 주었다.

"이게 말 발가락이야."

"와! 엄청나게 크네요."

"크지? 이게 발가락뼈야. 사람의 팔뚝만 한 크기인데 말이야."

사람으로 치면 손등 안에 있는 손허리뼈인데 굵기가 엄청나다. 나는 들고 다니기 편하게 말의 발가락뼈는 분리해서 가지고 다닌다. 그리고 아이들이 보는 앞에서 하나씩 뼈를 맞춰서 보여 준다.

"만져 보고 싶어요."

아이들의 요청에 따라 책상 사이를 걸어 다니며 뼈를 가까이서 보여 주었다.

한 남자아이가 말발굽의 뼈를 만져 보더니 깜짝 놀라며 말했다.

"돌멩이 같아요."

## 말의 발가락뼈

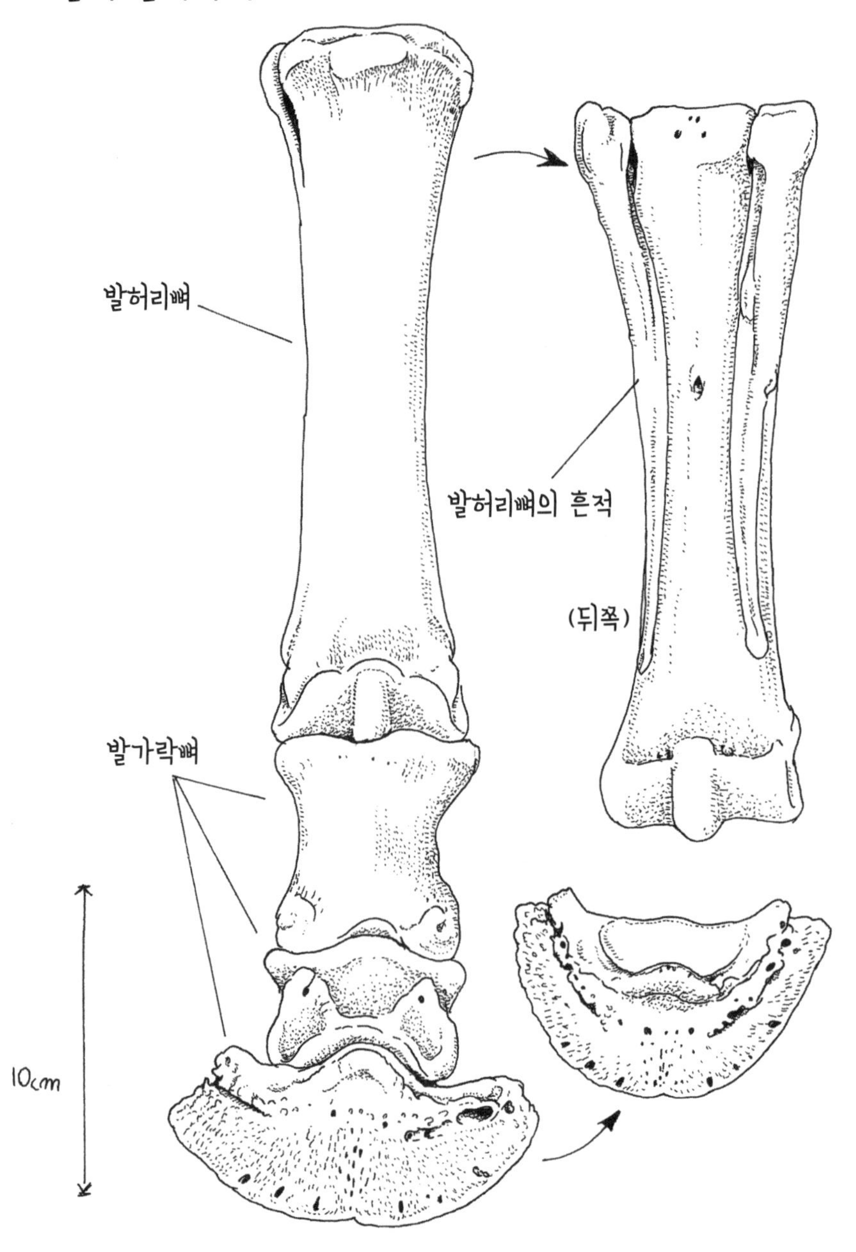

그렇게 아이들에게 뼈를 보여 주고 있는데, 눈썰미가 좋은 아이가 발허리뼈의 뒤쪽을 가리키며 묻는다.

"이건 뭐예요?"

말은 가운뎃발가락 하나만 있다. 그러므로 발가락뼈에 이어지는 발허리뼈도 하나뿐이다. 그런데 이 아이가 가리킨 발허리뼈 안쪽에 버팀목처럼 가느다란 뼈가 달라붙어 있는 것을 볼 수 있다.

가느다란 뼈는 양쪽에 두 개가 있는데, 하나는 발허리뼈와 붙어 버렸고 하나는 분리가 된다. 이 가느다란 뼈가 바로 말도 발가락뼈를 서서히 줄여 갔다는 증거다. 말의 넷째발가락과 셋째발가락 발허리뼈의 흔적이다. 말의 화석을 조사하면 네 개에서 세 개로, 세 개에서 하나로 발가락 수를 줄여 갔음을 알 수 있다.

이 이야기는 진화의 예로 유명하다. 교과서에는 대부분 그림으로 설명하고 있다. 물론 나도 알고 있고, 자유숲 학교에 있을 때 수업 시간에도 여러 번 소개했다. 그렇지만 잘 이해하지는 못했다.

그리고 직접 눈으로 보고 나서야 제대로 알게 되었다. 글과 그림만으로 설명하면 "아, 그렇구나."라고 받아들이기는 하지만 실감하지는 못한다.

오랫동안 수업에서 다루지 않았던 말 발가락의 진화를 오키나와에서 어묵의 뼈를 보고 나서야 마침내 수업 시간에 소개할 수 있게 되었다.

# 베란다의 뼈

## — 바다거북

오키나와로 이주한 지 1년 가까이 되었을 때 드디어 산호 학교가 개교를 했다.

첫 입학생의 체험 수업은 내 차지가 되었다. '돼지 발가락은 몇 개일까?'라는 주제로 수업을 해야겠다는 생각을 그 무렵 해 냈다.

봄 입학식에 모인 학생은 모두 여섯 명이었다. 정말로 작은 학교가 시작되었다. 그래도 그 자리에 모인 학생들은 스스로 이 작은 학교를 선택해서 입학한 학생들이었다.

자유숲 학교에서는 한 반에 40명의 학생을 상대로 수업을 했었다. 그러다 보니 학생 수가 적은데 수업이 제대로 이루어질지 조금 걱정이 되었다. 하지만 막상 수업이 시작되자 그런 걱정은 무색해졌다.

학생 수가 많고 적은 것은 문제가 되지 않았다. 그리고 나는 자유숲 학교에서 그랬던 것처럼 수업 시간에 뼈를 가지고 들어갔다.

오키나와에서 나의 숲을 찾겠다고 고생하며 돌아다녔지만, 둘러보면 시장이나 바닷가에서도 뼈를 찾을 수 있었다. 시간이 흘러 염소나



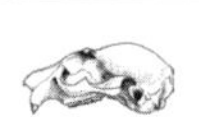

돼지와 같은 가축의 뼈가 다가 아니라는 것도 알게 되었다. 예를 들면 바닷가에서는 바다거북의 뼈를 주울 수 있다. 나는 오키나와에 정착하고 나서야 바다거북의 뼈를 본격적으로 모으기 시작했다.

오키나와섬 남부를 돌아다니다가 뼈를 줍기에 딱 좋은 바닷가를 찾아냈다. 사시키 마을에 있는 바텐이라는 해안인데 나하에서 버스로 30분 정도 가면 된다.

바닷가는 제방으로 보호되고 있고 너비는 수백 미터에 달한다. 생활 폐수가 흘러들고, 떠밀려 오는 물건들도 대부분 쓰레기다. 그런데 이 바닷가에 바다거북의 사체가 밀려 올라온다는 것을 알게 되었다.

바텐의 바닷가를 거닐기 시작하자마자 바위 그늘에서 뼈만 남은 바다거북 두 마리를 찾아냈다.

사이타마에 살 때도 학생들과 함께 다른 지역의 바닷가까지 동물 사체를 주우러 간 일이 여러 번 있었다. 그때 바다거북의 사체를 찾아내기도 했다. 그런데 바다거북의 사체는 상상을 초월할 만큼 어마어마하게 무겁다. 그리고 바닷가로 밀려 올라온 바다거북은 대체로 지독한 악취를 풍긴다. 그러므로 찾아냈다고 해도 쉽게 가져올 수 있는 것은 아니었다. 야쿠섬으로 수학여행을 갔을 때 바다거북의 사체를 찾았지만 머리뼈를 가져온 것이 고작이었다. 그런데 바텐의 바닷가에서 전혀 손상되지 않은 바다거북의 백골 사체를 발견했다. 물론 기꺼이 집으로 가지고 왔다.

그러고 나서도 기회가 있을 때마다 바텐의 바닷가로 나갔다. 그리고 물에 떠밀려 온 바다거북의 사체를 또다시 찾아냈다. 세 번째로 찾아낸 이 사체는 아직 살이 붙어 있어서 바닷가 위쪽 풀 더미로 끌어 올려 뼈가 되기를 기다리기로 했다.

그런데 바다거북의 사체를 연달아 세 마리나 찾아내자 갑자기 바다거북이 친숙하게 느껴졌다. 그 즈음 요기가 우리 집에 놀러 왔다. 요기는 나보다 열 살 아래의 젊은 청년으로, 오키나와에 온 뒤에 알게 되었다. 요기는 파충류와 물고기를 키우는 걸 아주 좋아해서 물고기나 뱀에 대해 잘 모르는 내가 도움을 구할 수 있는 친구다.

한참 이야기를 나눈 후 돌아가려던 요기가 현관 신발장에 세워 둔 바다거북의 뼈를 발견했다.

"이건 푸른바다거북 같네요."

요기의 말을 듣고 아차 싶었다. 그때까지 난 그저 바다거북을 주웠다는 생각밖에 없었다. 바텐에서 바다거북 두 마리의 뼈를 주웠고, 한 마리는 바닷가에 그대로 남겨 두었다. 그리고 오키나와 중부 미야기섬에서도 아직 비늘이 붙어 있는 바다거북의 머리뼈를 주워 왔다.

오키나와에 와서 한 해 동안 바다거북을 네 마리나 주우면서도 어떤 거북인지 조금도 궁금해하지 않았던 것이다.

요기의 한마디에 내가 바다거북에 대해 잘 안다고 생각했지만 사실은 전혀 모른다는 것을 깨달았다. 깨달았을 때가 바로 기회다. 나는 바닷가에 놔두고 온 바다거북이 마음에 걸려 조바심이 나기 시작했다. 그 바다거북을 포함해 지금까지 모은 바다거북이 어떤 종류인지 판별해 보기로 했다.

버스를 타고 바텐으로 향했다. 바다거북은 바닷가 풀 더미에 그대로 누워 있었다. 하지만 아직 살이 많이 남아 있어서 애석하게도 당분간 그대로 두기로 했다.

모처럼 바텐까지 왔는데 이대로 돌아가려니 아쉬웠다. 나는 썰물이 빠진 해안을 거닐기 시작했다. 그러다가 흠칫 놀랐다. 자갈밭에 거대한 물체가 보이는 것 아닌가!

가까이 다가가 확인한 나는 깜짝 놀랐다. 1미터가 넘는 거대한 바다거북이 그곳에 있었다. 우리 집에 있는 거북의 등딱지는 46센티미터였고, 바텐에서 주운 다른 거북도 비슷한 크기였다. 이 바다거북은 그것들과 비교가 안 될 정도로 엄청난 크기였다.

'가져가고 싶다.'

그렇게 생각했지만 아무래도 방법이 없었다. 크기가 어마어마할 뿐 아니라 냄새도 지독했기 때문이다. 빈손으로 돌아가기에는 너무나 미련이 남아서, 위턱의 각질화된 부리만 봉지에 넣어 가져가기로 했다.

집으로 돌아가는 길에 학교에 들렀더니 마침 다케 씨가 있었다.

"엄청나게 큰 바다거북이 있었어요. 벌써 바텐에서 바다거북을 네 마리나 찾았지 뭐예요."

난 들뜬 목소리로 말했다.

다케 씨는 원래 오키나와의 민속 악기인 산신을 만드는 장인인데, 산호 학교에서 '오키나와학'을 강의했다. 어른이지만 여전히 장난꾸러기였다. 우리 학교 기숙사는 바다거북이 떠밀려 오는 바텐 해안 바로 가까이에 있었다.

"어떤 바다거북이었어요, 선생님?"

내 이야기를 듣고 다케 씨가 물었다.

그렇지, 그게 문제였다.

"음, 그게 말이죠……."

자신 있게 대답할 수 없었다.

집으로 돌아와 내가 가지고 있는 바다거북의 뼈와 비교해 보기로 했다.

이날 주운 것은 거대한 바다거북의 부리였다. 나에게 있는 바다거북의 뼈 중에서 부리가 남아 있는 게 하나 더 있었다. 바로 미야기섬에서 주운 바다거북의 머리뼈였다.

두 거북을 비교해 보니 생김새가 달랐다. 특히 부리 안쪽의 돌기가 달랐다. 일본 앞바다에서 볼 수 있는 바다거북은 대부분 붉은바다거북이나 푸른바다거북이므로, 생김새가 다르다는 건 붉은바다거북과 푸른바다거북이 각기 하나씩 있다는 뜻이다. 하지만 어느 쪽이 어느 쪽일까?

또다시 놀러 온 요기에게 물어보았다.

"바다거북의 입 안쪽까지 들여다본 일은 없어서요."

모르는 게 없는 요기도 씁쓸하게 웃었다.

보통 붉은바다거북과 푸른바다거북은 머리 부분의 비늘 형태로 식별한다고 한다. 책을 찾아보니 확실히 그랬다. 그리고 미야기섬의 거북에게는 아직 비늘이 남아 있어서 정체를 알 수 있었다. 이것이 푸른바다거북이었다.

그렇다면 바텐의 거대한 바다거북은 붉은바다거북이라는 얘기다. 이것을 실마리로 바다거북의 뼈를 비교해 보았고, 처음 바텐에서 주운 바다거북 두 마리는 모두 푸른바다거북이라는 것을 알 수 있었다.

나중에 바텐의 바닷가에 두고 온 바다거북을 다시 확인해 보니, 역

## 바다거북의 뼈

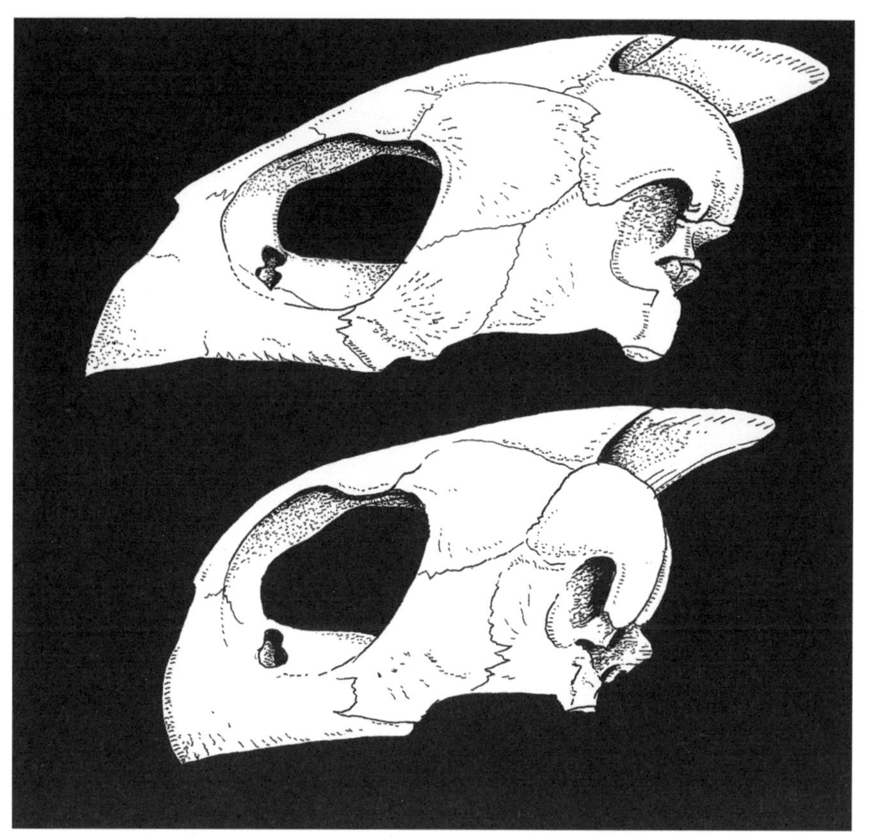

머리뼈: (위) 붉은바다거북(160mm) (아래) 푸른바다거북(110mm)

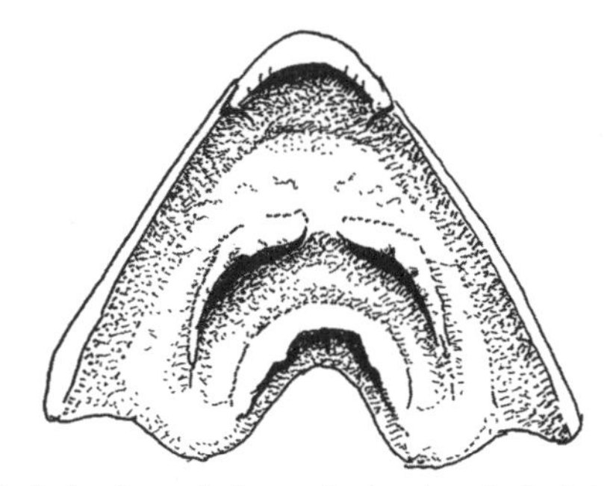

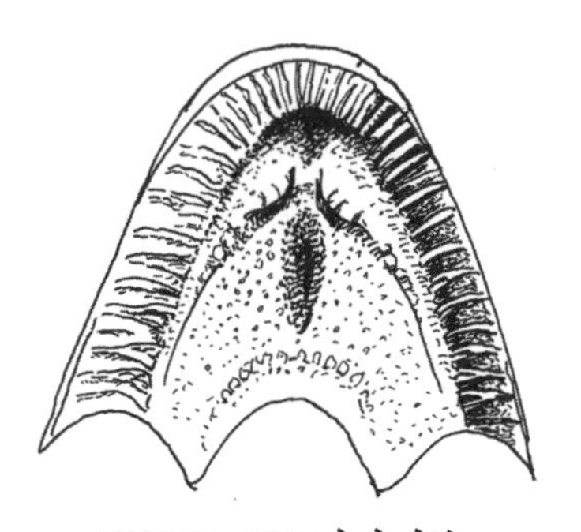

부리의 뒤쪽(위턱): (왼쪽) 붉은바다거북 (오른쪽) 푸른바다거북

시 푸른바다거북이었다. 부리의 모양만이 아니라 머리뼈의 생김새도 달랐다. 붉은바다거북의 머리뼈는 푸른바다거북에 비해 입 끝이 뾰족했다.

"바텐에서 본 거대한 바다거북은 붉은바다거북이었어."

마침내 학교에 가서 그렇게 말할 수 있었다.

"그 거대한 바다거북을 그냥 내버리기는 아까운데."

내 얘기를 듣고 난 호시노가 말했다.

"하지만 아직 살이 썩지 않아서 조금 더 기다려야 해."

"괜찮을까? 누군가가 가져가지 않을까?"

호시노는 그렇게 걱정했지만 나는 거대 바다거북을 발견하고 나서 약 한 달 동안 그대로 방치해 두었다.

그리고 어느 일요일, 드디어 거대 바다거북 회수 작전이 시작되었다. 호시노뿐 아니라 기숙사 학생들도 동원된 엄청난 이벤트였다.

걱정이 무색하게 거대한 붉은바다거북은 바닷가 풀 더미에 그대로 점잖게 누워 있었다. 그래, 누가 이런 것을 집어 가겠는가. 한 달 사이에 바다거북은 살이 완전히 썩어 없어지고 뼈와 가죽만 남았다. 이제부터가 진짜 큰일이었다.

뼈와 가죽만 남았어도 바다거북의 뼈에는 유분이 많이 함유되어 있다. 차 트렁크에 바다거북의 뼈를 싣고 학교로 돌아오는데, 차가 멈출 때마다 호시노는 기름이 부패하는 냄새 때문에 숨이 콱콱 막히는 것 같았다고 한다.

"이 뼈를 어떻게 할까?"

"당분간은 비를 맞히는 게 좋을 것 같아."



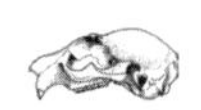

붉은바다거북은 그렇게 학교 베란다에 고이 모셔 두었다.

일본 앞바다에서 볼 수 있는 바다거북은 푸른바다거북과 붉은바다거북 외에도 대모거북, 올리브각시바다거북, 장수거북, 이렇게 총 다섯 종이 있다. 그중에 번식을 위해 육지로 올라오는 것은 푸른바다거북과 붉은바다거북 그리고 대모거북뿐이다.

붉은바다거북은 간토 지방 이남, 류큐 열도에 걸쳐서 육지로 올라와 산란을 한다. 푸른바다거북은 오가사와라 제도와 류큐 열도에서 산란을 한다.

바텐에서 그 뒤로도 물에 떠밀려 온 바다거북 두 마리를 더 찾아내어, 3년 동안 바다거북 총 여섯 마리를 발견했다. 그중 한 마리가 붉은바다거북이고 다섯 마리가 푸른바다거북이다.

"바다거북들이 왜 바텐으로 밀려오는 걸까요?"

학생 하나가 그렇게 물었다. 나도 그것이 이상했다.

산란하러 오는 것도 아니다. 바텐에는 바다거북이 산란하기에 적절한 넓은 모래사장이 없기 때문이다. 그리고 바다거북은 등딱지의 길이가 70센티미터를 넘어야 번식이 가능하다고 책에 나와 있다.

거대한 붉은바다거북을 제외하고, 푸른바다거북들의 등딱지 길이는 모두 40센티미터 정도였다. 산란을 위해서 바닷가로 올라왔다기보다 어떤 이유로 죽은 다음에 해류에 떠밀려 올라왔다고 볼 수 있다. 바다를 떠도는 바다거북의 생태에 대해서는 아직 모르는 것이 많다.

붉은바다거북은 동물성 물질을 먹고 푸른바다거북은 식물성 물질을 먹는다고 알려져 있다. 이러한 식성의 차이 때문에 부리 속 돌기가 다르게 생겼다.

붉은바다거북은 간토 지방 이남에서 산란한다고 했는데, 산란 후의 생태는 연구자들에게도 오랫동안 수수께끼였다. 일본 앞바다에서 발견되는 붉은바다거북은 다 자란 어른 개체와 막 부화한 새끼 거북뿐이었기 때문이다.

아직 성숙하지 않은 어린 거북들이 어디서 어떻게 사는지는 최근까지도 전혀 몰랐다. 그러다 드디어 붉은바다거북의 생태가 알려지게 되었다. DNA를 연구하거나 위성으로 추적을 하는 등 최신 기술을 이용해 붉은바다거북의 생태를 알아낸 것이다.

일본에서 태어난 새끼 붉은바다거북은 앞바다로 나가 구로시오 해류를 탄다. 구로시오 해류에 몸을 싣고 태평양을 횡단해 북태평양에서 저 멀리 북아메리카 연안까지 도달하는 것이다. 그리고 거기서 완전히 성장한 후 스스로의 힘으로 헤엄쳐 일본 앞바다로 돌아온다.

그러므로 바텐에서 주운 붉은바다거북은 태평양을 한 바퀴 돌아서 번식을 위해서 일본 앞바다로 돌아온 거북이라는 얘기다. 반면 푸른바다거북은 일본 앞바다에서 자라는 거북인 것 같다. 바텐에서 주운 푸른바다거북이 모두 젊은 개체였던 것이 이것을 뒷받침한다.

거대한 바다거북의 기름을 빼지 않고 그대로 베란다에 방치했는데, 오히려 그게 바다거북의 뼈가 내 일상의 일부가 되도록 만들었다. 바텐에서 다섯 번째로 찾은 푸른바다거북의 뼈도 역시 베란다에 놓아두었다. 학교에 거북 뼈가 하나씩 쌓이자 학생들은 드디어 뼈를 찾으면 나에게 가져오게 되었다.

"이거 바닷가에서 주웠는데, 거북 뼈예요?"



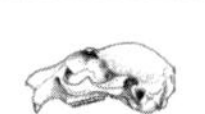

## 붉은바다거북과 푸른바다거북

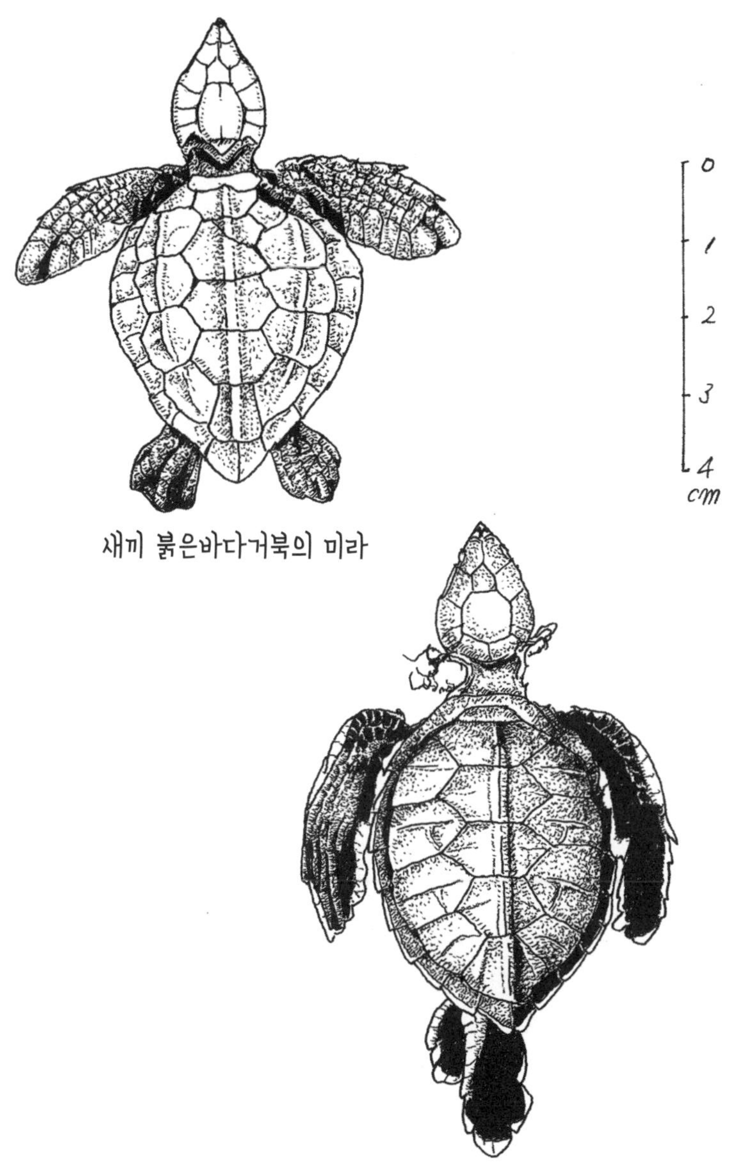


새끼 붉은바다거북의 미라

새끼 푸른바다거북의 미라

노부가 뼈를 들고 와 물었다.

그 뼈는 척추뼈였다. 커다란 척추뼈가 세로로 잘려 두 토막이 나 있었다. 고기를 발라 먹고 버린 소의 뼈였다.

"소라고요? 하하하! 거북이라고 생각했는데……."

노부는 뼈의 정체를 듣고 허탈하게 웃었다.

키키도 바닷가에서 뼈를 찾았다고 가져왔다.

"음, 거북은 아니야. 이건 물고기 아가미덮개야. 이건 물고기 척추뼈고, 이건 염소 뼈야."

역시 거북 뼈는 아니었다.

그래도 어느새 학생들이 뼈에 관심을 갖게 되었다.

작은 학교에서도 학생들과 함께 뼈를 즐길 수 있다. 그것 역시 나에게는 커다란 발견이었다.

# 배의 뼈

## — 중국상자거북

"선생님, 오랜만이에요."

산호 학교에 엘리아가 놀러 왔다.

엘리아는 자유숲 학교 졸업생이다. 학교를 다닐 때는 함께 이리오모테섬으로 수학여행을 가기도 했다. 우리는 한참 동안 옛날이야기를 나눴다.

엘리아뿐 아니라 자유숲 학교 졸업생들을 오키나와에서도 자주 만난다. 살고 있는 사람도 많지만 엘리아처럼 여행을 왔다가 찾아오는 사람도 많다. 이것도 호시노가 말하는 '오키나와가 가진 장소의 힘'에 이끌리는 것일까?

엘리아는 집을 떠나 두 달 동안 여행을 다니는 중이라고 했다. 최종 목적지가 이리오모테섬이라서 오고 가는 길에 학교에 들렀다고 했다. 커다란 배낭에 쇠 냄비까지 짊어진 모습에 피식 웃음이 나왔다.

"선생님, 거북 뼈를 주웠어요."

엘리아는 이시가키섬에서 주웠다며 배낭에서 거북 뼈를 꺼내 보여 주었다. 바닷가에 거북 한 마리의 뼈가 통째로 남아 있었는데 엘리아는 단 하나만 주워 왔다고 한다.

"무슨 거북이에요?"

"이 뼈는 배딱지의 일부야. 크기나 모양으로 볼 때 아마도 푸른바다거북일 거야."

어느새 나도 이런 말을 할 수 있게 되었다.

그건 그렇고 엘리아는 흥미로운 뼈를 고른 것이다. 이 뼈는 칼처럼 뾰족하기 때문에 거북 뼈처럼 보이지 않는다. 거북 뼈 중에서 거북을 가장 잘 나타내는 뼈라면 등딱지 뼈를 꼽을 수 있다.

거북의 등딱지는 주로 갈비뼈가 변화해 만들어진 것이다. 정확한 명칭은 늑갑판으로, 폭이 넓은 판 모양의 뼈 끝에 원래 갈비뼈의 흔적인 가느다란 뼈가 붙어 있다. 이렇게 생긴 뼈들이 여러 개가 붙어서 둥그스름한 거북의 등딱지를 이룬다. 그래서 흩어진 늑갑판 하나를 주워도 그것이 거북의 뼈라는 것을 쉽게 알 수 있다.

하지만 배딱지는 조금 복잡하다.

거북이라고 하면 등딱지를 가장 먼저 떠올린다. 민물거북이나 육지거북은 등딱지와 배딱지가 하나로 붙어서, 뼈가 상자 모양을 이룬다. 거북을 해부할 때 힘이 드는 이유는 상자 모양의 뼈 때문이다. 톱으로 등딱지와 배딱지를 절개해 떼어 내야 한다.

반면 바다거북은 등딱지와 배딱지가 완전하게 나뉜다. 등딱지와 가장자리를 빙 둘러싼 연갑판은 하나로 들러붙어 있다. 배딱지도 아홉 개의 뼈가 이어져 있다. 단, 배딱지는 뼈 아홉 개가 맞물려 있긴 하지만 틈새가 벌어져 있다. 그리고 이 배딱지의 뼈 하나하나는 기묘

# 바다거북의 등딱지

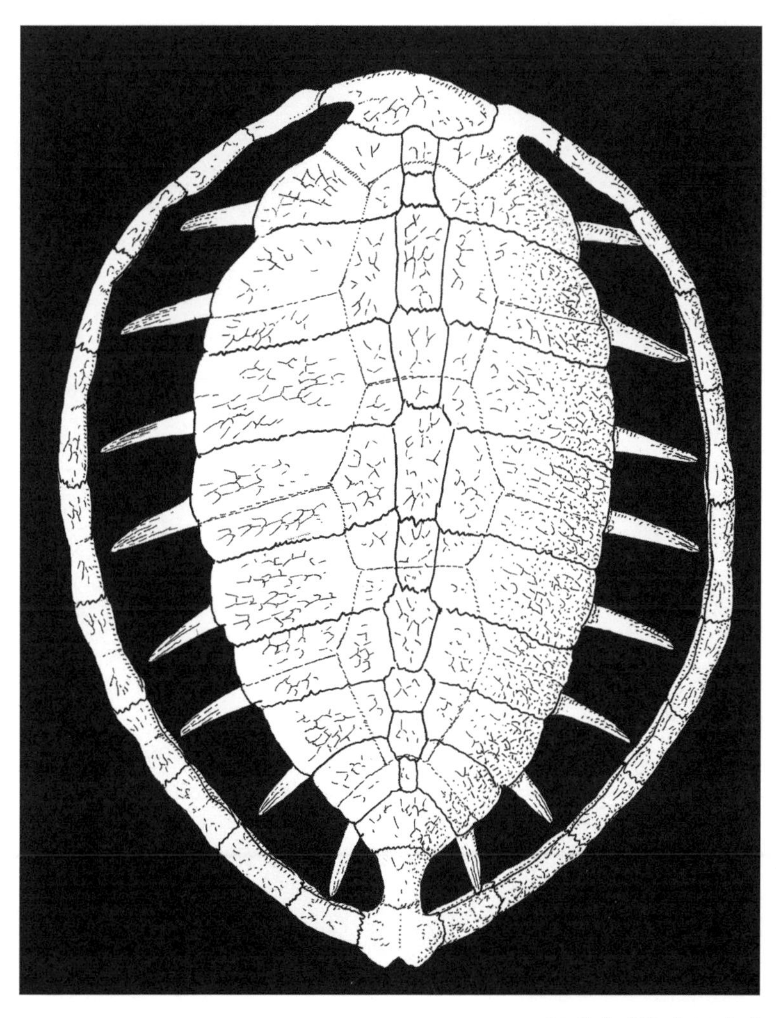

푸른바다거북의 등딱지
(길이 46cm)

## 바다거북의 배딱지

푸른바다거북의 배딱지

0 5 10cm

① 상복판 ② 내복판 ③ 중복판 ④ 하복판 ⑤ 검상복판

하게 생겼다. 가운데 뼈 네 개는 말코손바닥사슴의 뿔처럼 뾰족뾰족하다. 엘리아가 주워 온 것은 이 중에서 앞쪽 가운데에 있는 '내복판'이라는 뼈다.

어느 날 자유숲 학교 졸업생인 토모키가 놀러 왔다. 토모키를 데리고 얀바루의 숲으로 향했다. 얀바루의 숲은 오키나와섬 남부의 숲보다 걷기가 훨씬 편하다. 나무들이 우뚝 솟아 있고 숲 바닥에 초목이 듬성듬성 자라 있어서 앞이 확 트였다. 나무의 종도 남부 지역과 달리 모밀잣밤나무가 주를 이룬다.

칼꼬리영원이 숲길을 가로질러 간다. 길가의 흙을 누군가가 파헤친 흔적이 있다. 류큐멧돼지가 먹이를 찾은 흔적이다. 때때로 류큐울새가 아름다운 적갈색을 뽐내며 나뭇가지에 앉아 지저귄다.

여기저기 샛길로 빠지면서 느긋하게 걷고 있는데, 길가에 자란 풀 사이로 쉭쉭 소리가 났다. 돌아보니 굵은 뱀이 길 저편으로 도망치는 것이 눈에 들어왔다. 반시뱀이다. 지나가고 나서 뱀이 있었다는 사실을 알고 나니 조금 으스스했다. 주의하며 걸었지만 보지 못하고 지나친 것이다.

"아무래도 이 길은 이쯤에서 돌아가는 게 좋겠어."

다른 숲길로 들어가자 류큐검은가슴잎거북이 나타났다. 크기가 손바닥만 한 육지거북이다. 류큐검은가슴잎거북은 얀바루와 구메섬, 그리고 도카시키섬에만 사는 희귀한 거북이다. 천연기념물로도 지정되어 있다.

나도 토모키도 류큐검은가슴잎거북을 보고 아주 기뻐했다. 거북은 사람을 보자 숨을 쉭쉭 내쉬며 후박나무 열매가 들어 있는 배설물을 배출하고 모습을 감췄다. 바다거북의 뼈를 줍기 시작하면서 다른 거북에도 조금씩 관심이 생겼다.

오키나와에는 류큐검은가슴잎거북 말고도 야에야마 제도에 서식하는 중국상자거북, 노란연못거북이 있다. 중국상자거북도 역시 같은 육지거북이다. 놀라면 네 다리를 껍데기 속에 집어넣고 배딱지 한가운데를 앞뒤로 접어서 완전하게 공 모양으로 탈바꿈한다. 노란연못거북은 논이나 습지를 좋아하는 거북이다. 이 거북들은 이리오모테섬에서 자주 볼 수 있다. 노란연못거북은 도로에도 자주 나타나서, 배수로에 떨어지거나 차에 치이기도 한다.

거북은 차에 치이면 납작해지므로 주워 올 수가 없다. 한 번은 도로 위에서 뼈만 앙상한 노란연못거북을 발견한 적이 있는데, 껍데기가 부서져 97개의 파편이 되었다. 그야말로 직소 퍼즐처럼 맞춰야 했다. 껍데기가 완전한 상태로 노란연못거북 뼈를 주울 수 있었던 건 그물에 걸려 죽은 걸 발견했을 때뿐이었다.

중국상자거북의 사체 역시 도로에서 주워 와 살펴본 적이 있다.

앞에서도 말했지만, 민물거북이나 육지거북의 등딱지와 배딱지는 하나로 붙어 있다. 그런데 중국상자거북의 배딱지는 어떻게 접히는 것일까.

비교해 보려고 본토에서 주운 남생이의 뼈도 함께 가져왔다. 찬찬히 살펴보다가 몇 가지 사실을 발견했다. 우선 배딱지는 아홉 개의 뼈로 이루어져 있다. 바다거북의 배딱지가 기묘해 보였지만 만들어진 형태는 다른 거북들과 다르지 않았다.



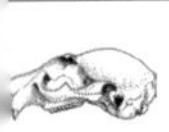

다음으로 등딱지와 배딱지가 이어진 부분을 살펴보자. 거북의 등딱지는 빈틈없이 꽉 맞물려 있는 것처럼 보이지만, 뼈를 바르기 위해서 익히거나 썩히면 의외로 툭툭 떨어진다. 내가 갖고 있는 남생이 뼈도 등딱지와 배딱지가 쉽게 분리되었다. 이것 역시 바다거북과 마찬가지로 둘로 나뉘는 것이다.

남생이의 경우 등딱지 중앙에 뼈 네 개가 맞물리고 그 부분에서 연갑판도 불룩하게 서로 맞물려 있다. 그리고 뼈가 맞물리는 부분은 오톨도톨하게 톱니 모양으로 되어 있다.

그러나 중국상자거북의 경우 배딱지와 연갑판이 거의 맞물리지 않는다. 대신에 연갑판이 아주 조금 튀어나와 있는 부분이 있는데 이 부분이 배딱지가 접히는 지점인 것 같다. 그리고 배딱지는 앞뒤 두 개로 나뉜다. 본래 배딱지의 각각의 뼈들 역시 뾰족뾰족한 톱니로 맞물리지만, 중국상자거북은 이음새 부분에는 톱니가 없다. 거북 뼈의 기본 형태를 유지하면서도 맞물리는 면을 최소화하여 껍데기가 하나로 진화된 것이다.

새끼 중국상자거북의 뼈를 발견했을 때도 놀랐다. 무슨 일인지 숲길 위에 등딱지만 떨어져 있었던 것이다. 아마 부화한 지 얼마 지나지 않아 다른 동물에게 잡아먹혔을 것이다. 이 등딱지를 뒤집어 보고 또 한 가지 사실을 알게 되었다.

거북의 등딱지는 갈비뼈가 변형된 늑갑판이 맞물려 있고, 그 위에 딱딱한 비늘이 붙어 있는 형태다. 새끼 중국상자거북의 등딱지를 뒤집어서 그 안쪽을 살펴보니, 늑갑판 사이사이에 틈새가 많았다. 그 모습은 동물들의 일반적인 갈비뼈처럼 생겼다. 거북의 등딱지가 정

# 중국상자거북의 뼈 1

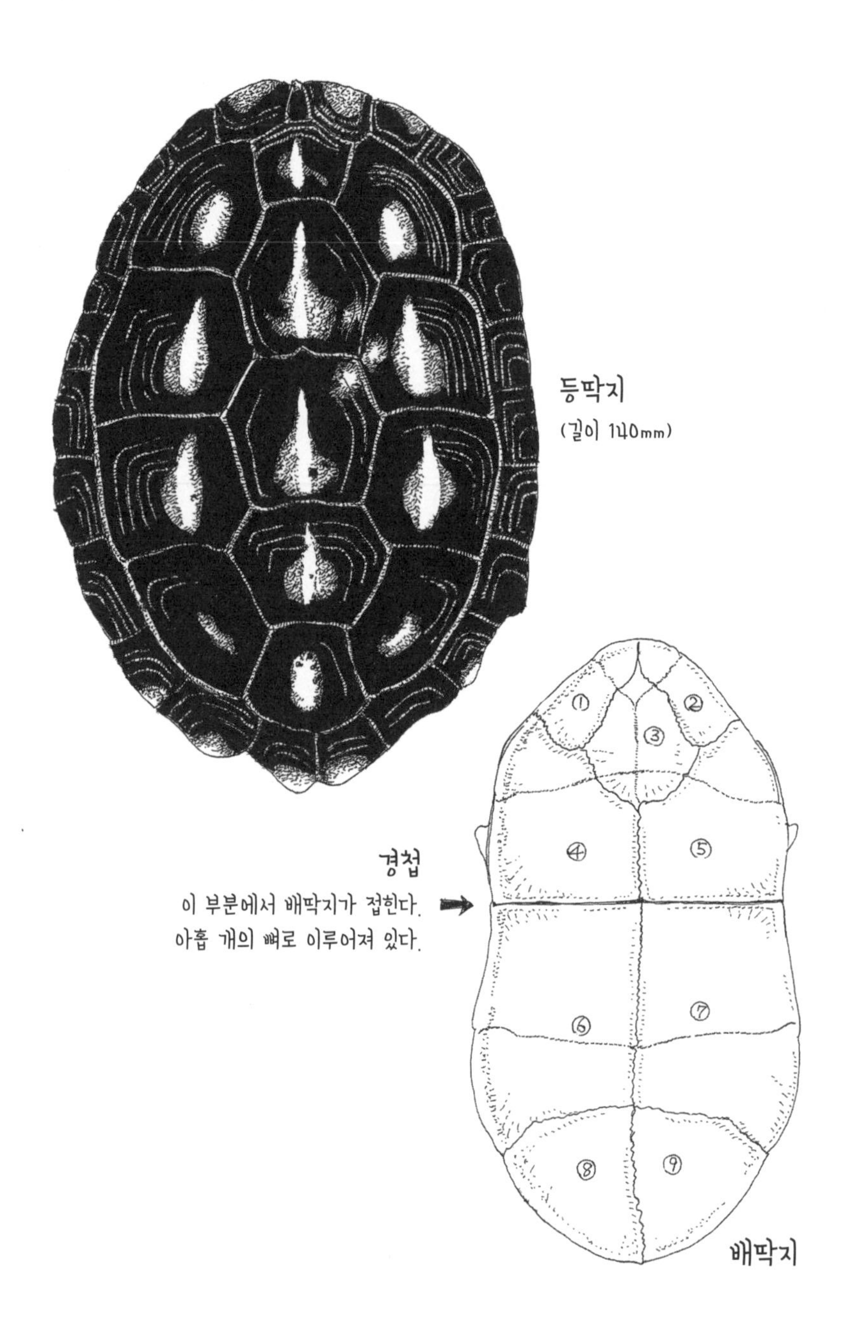

# 중국상자거북의 뼈 2

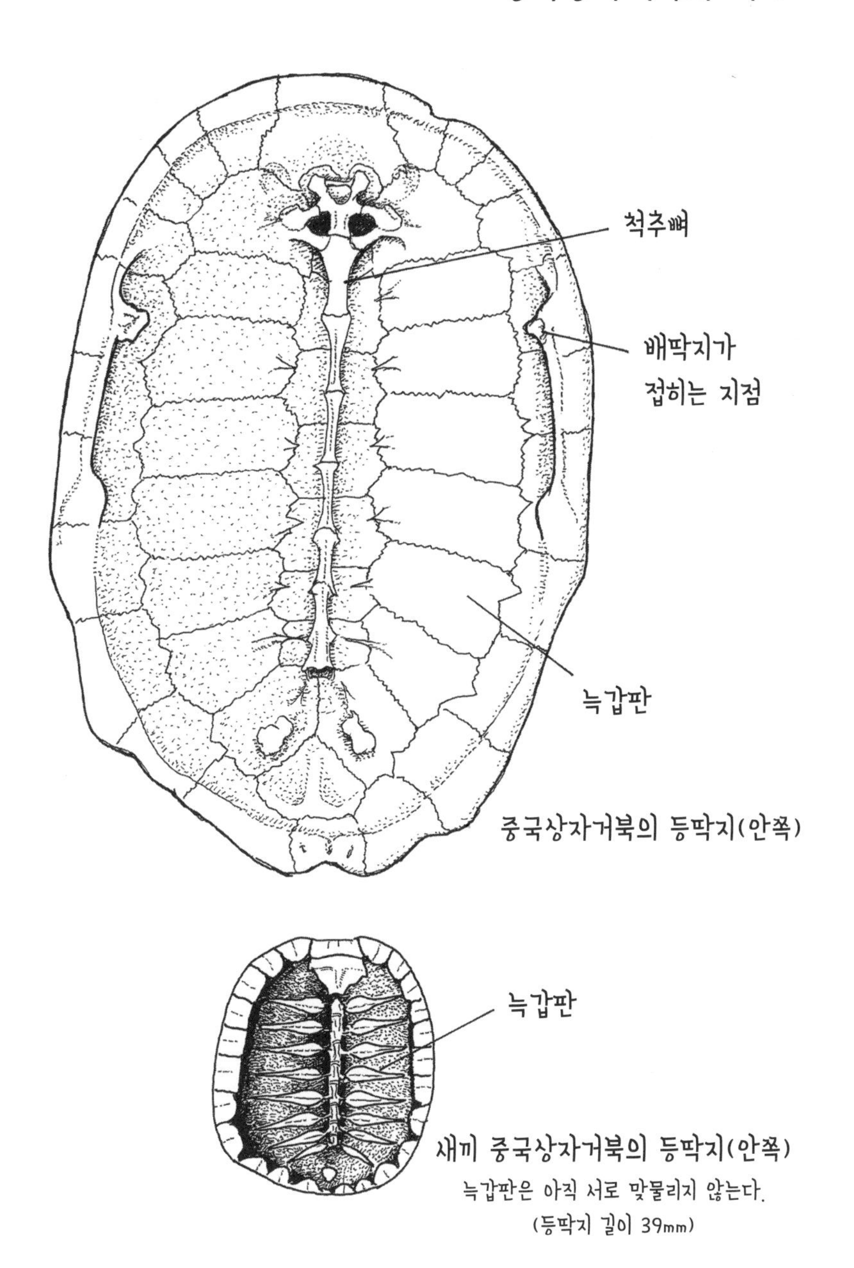


중국상자거북의 등딱지(안쪽)

새끼 중국상자거북의 등딱지(안쪽)

늑갑판은 아직 서로 맞물리지 않는다.

(등딱지 길이 39mm)

말로 갈비뼈에서 진화했다는 것을 새삼 실감하는 순간이었다.

돼지 발이나 말 발가락의 뼈를 보고 느꼈던 경이로움을 거북 뼈를 보고 또 한 번 생생하게 느낄 수 있었다.

이렇게 오키나와에서 거북들을 주우면서 나는 또 다른 깨달음을 얻었다.

# 외래종의 뼈

— 자라

어느 날 아키한테서 전화가 왔다.

"날씨도 좋은데 어디 놀러 나가요, 선생님."

아키 역시 자유숲 학교 졸업생이다. 그리고 오키나와에 정착했다.

아키와 슈리 지역을 거닐었다. 이 주변은 나하에서도 아직 자연이 남아 있는 지역이다.

슈리성에 있는 류탄 연못까지 왔을 때 아키가 말했다.

"전에 왔을 때 연못에 죽은 거북이 떠 있었어요."

"어? 그게 언제였어?"

"이틀 전이에요."

거북이라는 말에 그냥 듣고 넘길 수 없었다. 그러나 아키가 '이 주변'이라고 가리킨 곳을 보아도 거북 사체는 떠 있지 않았다. 그래도 포기하지 않고 여기저기를 한참 둘러보았다. 그랬더니 조금 떨어진 수면에 과연 거북이 떠 있었다.

주변을 잽싸게 둘러본 뒤 인적이 없는 것을 다행으로 여기며 신발을 벗고 연못에 들어가 거북을 끌어 올렸다. 아키와 저녁을 먹는 동안 그 거북을 나무 그늘에 숨겨 두었다. 아무도 가져가지 않을 거라는 생각이 들긴 했지만.

줍자마자 나는 이 거북이 붉은귀거북이라고 생각했다. 붉은귀거북은 일명 청거북으로 불리며, 미국에서 수입된 외래종이다. 애완용으로 키우다가 버리는 사람들이 종종 있다.

본토에서도 붉은귀거북을 야생에 내다 버려 환경 문제가 되고 있는데, 류탄 연못에도 붉은귀거북이 많이 있다고 한다. 나는 제대로 확인하지 않고 거북을 그대로 우리 집 냉동실에 넣어 두었다.

시간이 한참 지나 요기와 이야기를 나누다가 예상치 못한 말을 들었다.

요기는 물고기 애호가이므로 틈만 나면 오키나와에 있는 강으로 가서 물고기를 관찰한다고 했다. 그런데 오키나와의 강은 오염이나 둑 공사뿐 아니라 귀화 동물이 문제가 되고 있다고 했다. 류탄 연못 역시 외래에서 유입된 열대어가 가득하다고 했다. 요기가 밤에 연못을 안내해 준 일이 있는데, 연못 속의 거대한 플레코(남미산 메기)를 가리켰을 때는 정말 놀라웠다. 요기가 그것을 간단히 잡아 올렸을 때는 더욱 놀랐지만.

"어느 강에는 남생이도 있어요."

요기가 말했다.

"남생이? 남생이는 본토 거북 아니었어?"

요기는 남생이 역시 애완용으로 들여온 거라고 했다.

알고 보니 우리 집 냉동실에 들어간 거북도 붉은귀거북이 아니라

남생이였다.

요기는 내가 도카시키섬 해안에서 주운 거북의 정체도 알려 주었고, 나는 또 한 번 놀랐다. 도카시키섬 해안에서 주운 것은 등딱지의 뒤쪽 절반이었다.

도카시키섬에는 육지거북인 류큐검은가슴잎거북이 서식하고 있지만, 그건 류큐검은가슴잎거북이 아니라 노란연못거북이었다. 야에야마 제도에 서식하던 이 거북도 오키나와의 섬들 여기저기로 유입되어 야생에서 자라고 있다. 중국상자거북도 오키나와섬에서 발견되고 있다.

더욱 문제인 것은 이 중국상자거북과 류큐검은가슴잎거북의 잡종이 발견되었다는 것이다.

오키나와섬에서 볼 수 있는 자라 역시 외래종이다.

도로에서 납작해진 자라를 발견해 주워 왔다. 자라는 거북보다 조금 더 평평하다. 그래서 차에 치어도 뼈가 그렇게 심하게 부서지지 않는다.

잘 살펴보면 자라는 바다거북처럼 등딱지와 배딱지가 붙어 있지 않다. 이전에 다케 씨가 자라 요리를 먹고 남은 등딱지를 가져다준 적이 있지만, 차에 치인 자라를 보고서야 처음으로 배딱지 뼈를 보게 되었다. 자라의 배딱지 뼈도 아홉 개다. 단, 틈새가 많아 꼭 바다거북의 배딱지처럼 생겼다. 바다거북과 관계는 없지만 수중 생활에 적응하면서 배가 비슷하게 변화한 것이다.

오키나와에 있으면서 노란연못거북이나 자라의 뼈를 종종 주울 수 있어 고맙긴 하지만, 분명 문제가 있다. 오키나와 자연에서 발생하는 문제점은 거북뿐 아니라 모든 생물의 외래종이 빠르게 번식하고 있다는 것이다.

"붉은귀거북이나 자라는 찾아내는 족족 없애 버려야 해."

오키나와의 생물 전문가 중에는 이렇게 말하는 사람도 있다. 오키나와가 섬이기 때문에 외래종이 더욱 큰 문제가 되는 것이다. 생태계가 고립된 섬에서는 생물의 종류가 한쪽으로 치우쳐 있어서, 외래종이 들어와 생태계를 교란시킬 여지가 많기 때문이다.

어느 날 요기가 전화를 했다.

"아는 어부 아저씨가 푸른바다거북 사체를 가져다줬는데, 혹시 필요하세요?"

하필 나는 그날부터 며칠간 도쿄에 다녀올 예정이었다.

"그럼 현관 앞에 놓아둘까요?"

나는 깜짝 놀라서 그것만은 참아 달라고 했다.

결국 요기는 거북을 자기 집 정원에 묻었다.

한참이 지나서 요기에게 푸른바다거북에 대해 물어보았다.

"부모님이 정원에 묻은 걸 싫어하셔서요, 잠시 놔뒀다가 바다로 돌려보냈어요."

요기가 대답했다.

그때 거북은 이미 반쯤 썩어 있었는데, 배 속에서 비닐봉지가 한가득 나왔다고 한다. 아마도 푸른바다거북이 해초로 잘못 알고 먹은 것 같다. 그리고 소화시키지 못하고 몸속에 남아, 썩지 않고 뼈와 함께 남은 것이다.

"그렇게 먹고 나서 장이 막혀 죽은 것 같아요."



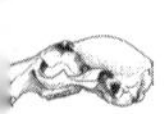

# 외래종 거북의 뼈

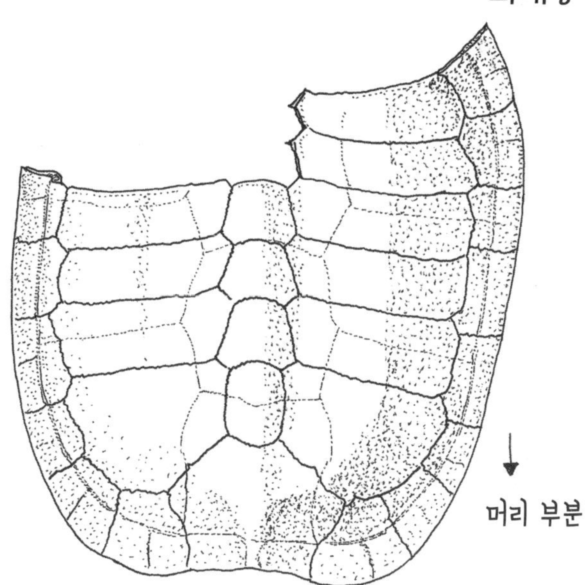


노란연못거북
(등딱지 폭 10cm)

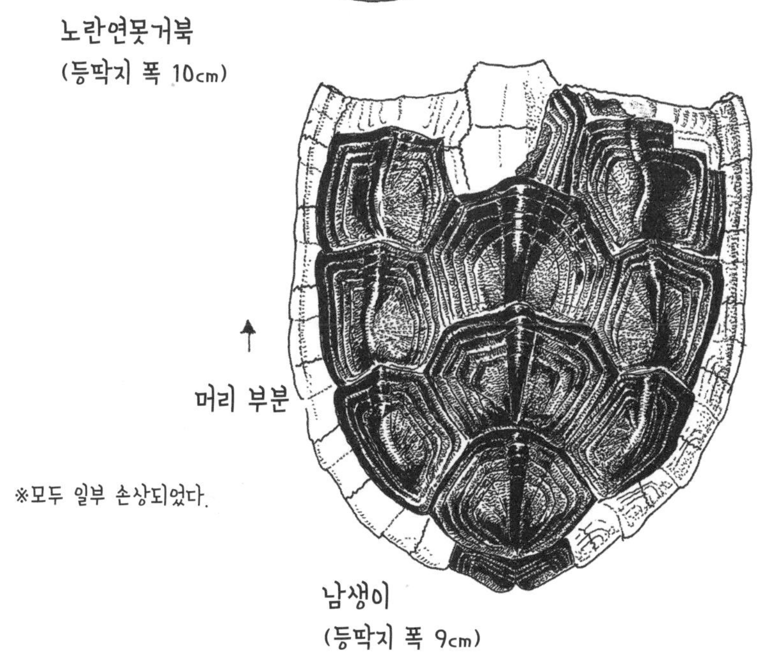


※모두 일부 손상되었다.

남생이
(등딱지 폭 9cm)

# 자라의 뼈

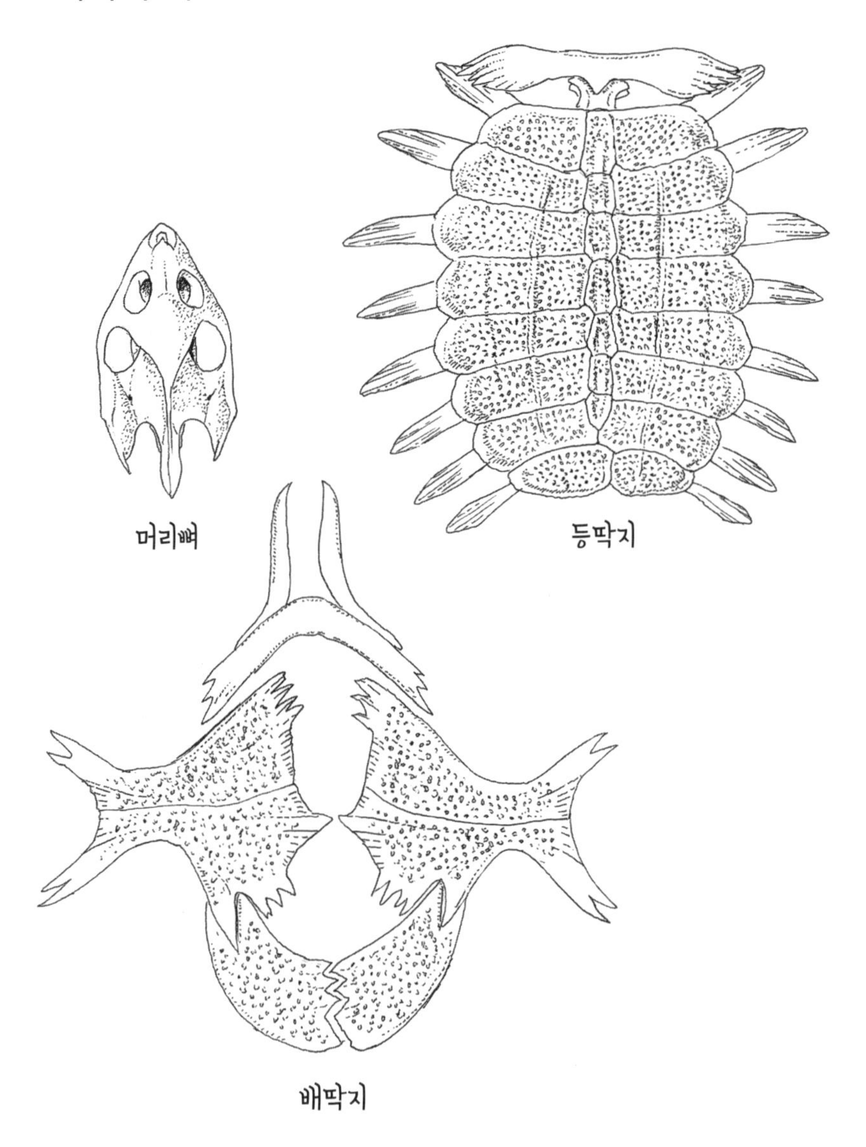


※바다거북의 배딱지와 마찬가지로 틈이 많다.

요기는 이렇게 덧붙였다.

비닐봉지를 먹은 게 직접적인 사인은 아닐 것이다. 어부가 가져다 주었다고 했으니, 바다에서 헤엄치다가 그물에 걸려 죽었을 것이다. 《돌고래와 바다거북, 바다를 여행하는 동물의 지금》이라는 책에 따르면 바다거북이 그물에 걸려 죽는 일은 흔하다고 한다. 그렇게 보면 바텐으로 밀려 올라온 거북도 그물에 걸려 죽은 것 아닐까?

뼈를 관찰하는 일, 그것은 뼈를 통하여 생물이 거쳐 온 경이로운 역사를 보는 것이다. 그 생물의 역사에 인간도 깊이 관여하고 있다.

오랫동안 오키나와에서 '나의 숲'을 찾는 데 열중했다. 사이타마에 살 때처럼 걸어서 갈 수 있는 곳은 결국 찾을 수 없었다. 오키나와에서 찾아낸 나의 숲은 이곳저곳에 있다고 할 수 있다. 그것은 시장일 수도 있고, 바닷가일 수도 있고, 학교일 수도 있다. 하지만 그것들이 연결되어 있다는 것을 나는 서서히 알게 되었다.

인간과 자연의 공존. 사이타마에 살 때 숲에서 생물들을 보면서 느꼈던 것을 오키나와에서도 찾아보고 싶었다. '뼈'를 실마리로 해서 말이다.

# 2

# 균열 속의 뼈

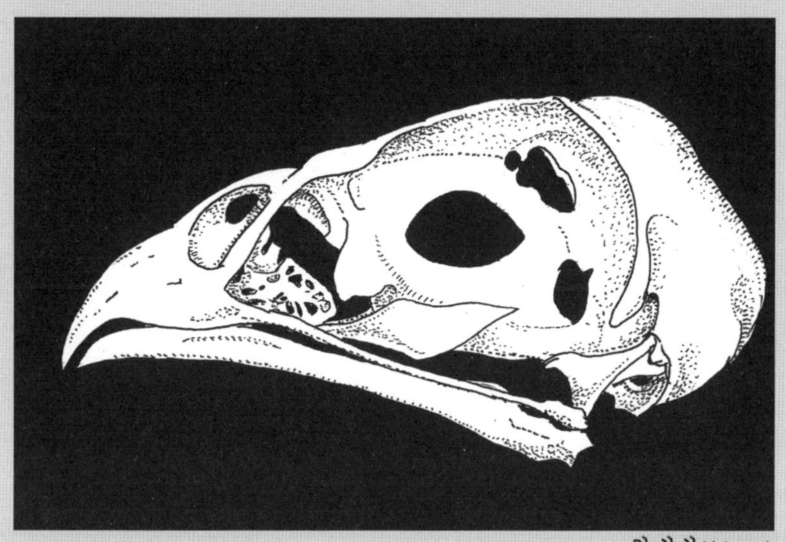

왕새매(60mm)

# 석회암 균열의 뼈

## — 멸종 거북의 화석

남부 지역의 중학교에서 열리는 과학 교사 모임에 초대를 받았다. 거기서 뼈 이야기를 해 달라는 것이다. 나는 모임 장소에 가장 먼저 도착했는데, 다음으로 도착한 젊은 남자 선생이 나에게 물었다.

"혹시 모리구치 선생님이세요?"

우연히 거기서 대학교 후배인 이토를 만난 것이다.

이토가 가방에서 무언가를 꺼냈다. 바로 족발 골격 표본이었다. 어리둥절해서 골격 표본을 물끄러미 바라보고 서 있는데, 그가 이렇게 말했다.

"이번 여름에 방학 숙제로 애들한테 족발 골격 표본을 만들어 오라고 했어요. 《뼈의 학교》를 읽었거든요."

그리고 이토는 뜻밖의 제안을 했다.

"이번 방학에 우리 학교 학생들과 동굴 탐험을 갈 생각인데, 혹시 함께 가지 않으실래요? 사슴 뼈 화석이 나올지도 모르거든요."

물론 내가 동굴 탐험에 동행한 것은 말할 것도 없다.

약속한 날이 되어 활기 넘치는 중학생들과 함께 동굴로 향했다. 동굴은 매우 커서, 높은 곳은 천장 높이가 5미터나 될 정도였다. 30~40미터 정도 안으로 들어가자 주위가 칠흑같이 어두워졌다.

"여기서 뼈 화석을 발견할 수 있어요."

이토가 말해 주었다.

동굴 벽면에 불빛을 비추자 동굴 안으로 흘러 들어온 진흙이 동굴 벽 여기저기에 붙어 있었다. 그리고 희끄무레한 것이 흙 속에서 튀어나와 있었다. 사슴의 뼈 화석이었다. 오키나와에는 현재 사슴이 서식하지 않는다. 정확하게 말하면 오키나와에 속하는 게라마 제도에 게라마사슴이 살고 있지만, 이것은 왕조 시대에 사쓰마에서 유입된 것이라고 한다. 현재는 천연기념물로 지정되어 있다.

동굴에서 발견되는 사슴 뼈는 1만 년도 더 전의 것이다. 출토되는 사슴 뼈도 본토에 사는 일본사슴과는 다른 종이다. 진흙은 끈적끈적하게 젖어 뼈를 완전히 덮어 버렸다. 진흙 속으로 손을 넣어 더듬더듬 뼈를 찾아내는데, 어느 부분의 뼈인지 그 자리에서 바로 알 수가 없었다. 집에 가지고 와서 진흙을 씻어 내고 나서야 비로소 뼈와 만날 수 있었다.

주워 온 것은 분명 사슴 뼈였다. 그런데 진흙을 씻어 내고 나니 사슴 뼈가 아닌 것이 하나 있어서 놀랐다. 그것은 거북의 연갑판이었다. 길이 47밀리미터, 두께는 5밀리미터였다. 육지에 서식하는 거북의 뼈치고는 제법 컸다.

'혹시 오야마육지거북의 뼈가 아닐까?'

오키나와에서는 멸종된 오야마육지거북의 화석이 종종 나온다.

오야마육지거북의 '오야마'는 사람의 이름에서 따온 것이다.

집에서 20분 정도 걸어가면 주유소가 있다. 이 주유소는 조금 특이하게도 2층에 화석이나 뼈를 빼곡히 진열해 두었다. 이 주유소가 바로 오야마육지거북을 최초로 발굴한 오야마 씨의 가게다.

오야마 모리마사 씨에게 그때의 이야기를 들으러 갔다.

"1967년 11월이었을 겁니다. 그때 우리는 슈리에서 과수원을 하고 있었어요. 과일나무에 물을 줘야 해서 저수지를 만들고 있었죠. 저수지 주변에 쌓아 두려고 미나토가와 채석장에서 돌을 사 왔는데, 글쎄 그 돌에 화석 같은 것이 가득 붙어 있지 뭡니까. 아버지께서는 왠지 예사롭지 않다고 하시면서……."

이것이 발단이었다. 모리마사 씨의 아버지인 세이호 씨는 곧장 그 채석장으로 달려가 화석을 파내기 시작했다. 오키나와 남부는 석회암이 넓게 덮여 있다. 그리고 이 석회암 땅은 곳곳이 수직으로 갈라져 있다. 예전에 그곳에 살았던 동물의 유해가 이런 갈라진 틈새로 흙과 함께 흘러들어 잘 보존되어 있다.

일반적으로 산성인 화산재 토양과 달리 석회암은 뼈를 잘 보존한다. 석회암을 채굴하자 석회암 균열에 숨어 있던 화석이 사람들 앞에 서서히 모습을 드러내기 시작했다. 오야마 세이호 씨가 특별한 예감을 가지고 파기 시작한 미나토가와 석회암 균열에서는 1만 년도 더 된 동물의 뼈가 속속 발견되었다.

"아버지는 어쩌면 사람의 뼈가 아닐까 직감하셨던 것 같아요."

모리마사 씨가 말했다.

이러한 예감이 적중하여 그 유명한 미나토가와인을 발굴하게 된다.



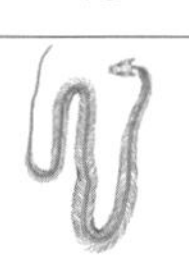

# 석회 동굴 안의 사슴 화석들

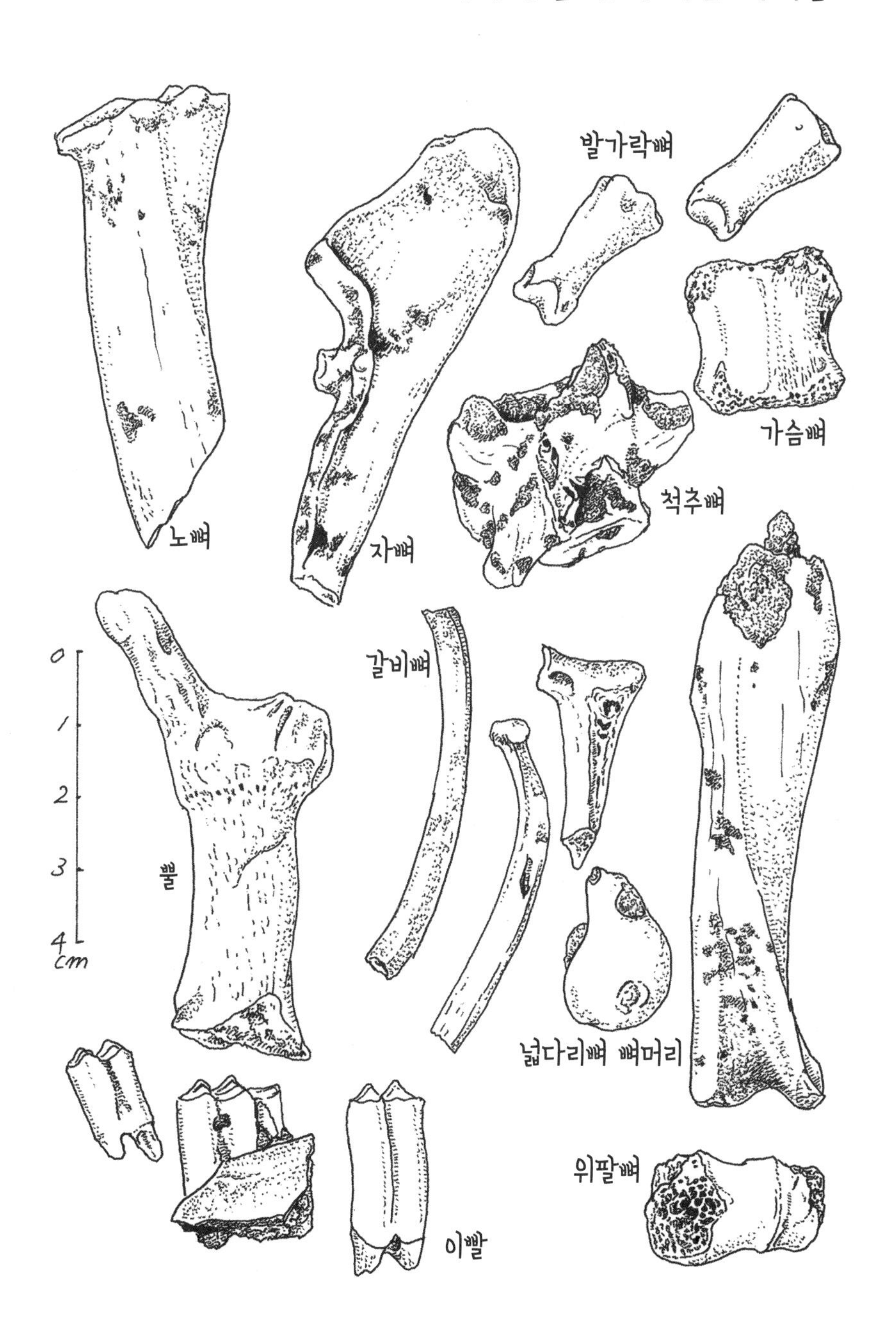

미나토가와인은 동아시아에서 발견된 구석기인 화석 중에서 가장 보존이 잘되어 있어서 매우 귀중한 발견으로 손꼽힌다. 그때 발굴된 거북에도 그의 이름을 붙여 '오야마육지거북'이라고 부른다.

오야마육지거북의 전체 모습은 아직 복원되지 않아서 등 길이가 어느 정도인지를 알지 못한다. 책에서 보면 오야마육지거북의 위팔뼈는 대략 9센티미터 정도이다. 반면에 류큐검은가슴잎거북의 위팔뼈는 약 3센티미터이다. 류큐검은가슴잎거북에 비하면 오야마육지거북은 몸집이 매우 크다.

그러므로 동굴에서 커다란 거북의 연갑판을 발견했을 때 가슴이 무척 설레었다.

"이거 혹시 오야마육지거북 아니야?"

하지만 확신할 수는 없었다. 미나토가와의 석회암 균열은 현재 유적으로 지정되어 보존되고 있어서 멋대로 들어가 화석을 파내는 것은 허용되지 않는다.

오키나와에 외래종 거북이 유입되는 문제를 알게 되면서, 오키나와 동물들의 본래 모습은 어떤지 궁금해졌다. 얀바루는 그렇다 치고 남부 지역의 자연은 원래 어떤 모습이었을까? 그 점에서 석회암 균열에서 나온 화석은 매우 흥미로웠다.

오키나와 남부에서 숲을 찾아다니다가 사시키 마을에서 예전에 채석장이었던 것으로 보이는 흔적을 찾아냈다. 석회암을 파낸 자리는 주변보다 한 단계 낮은 평지가 되어 있었다. 평지 한쪽에는 파다 만 석회암이 끊어져 하얗게 절벽을 이루고 있었다. 높이는 8미터나 됐다. 그 절벽 한쪽에 폭 2미터 정도로 흙이 푹 파인 균열이 눈에 들어

## 석회암 균열

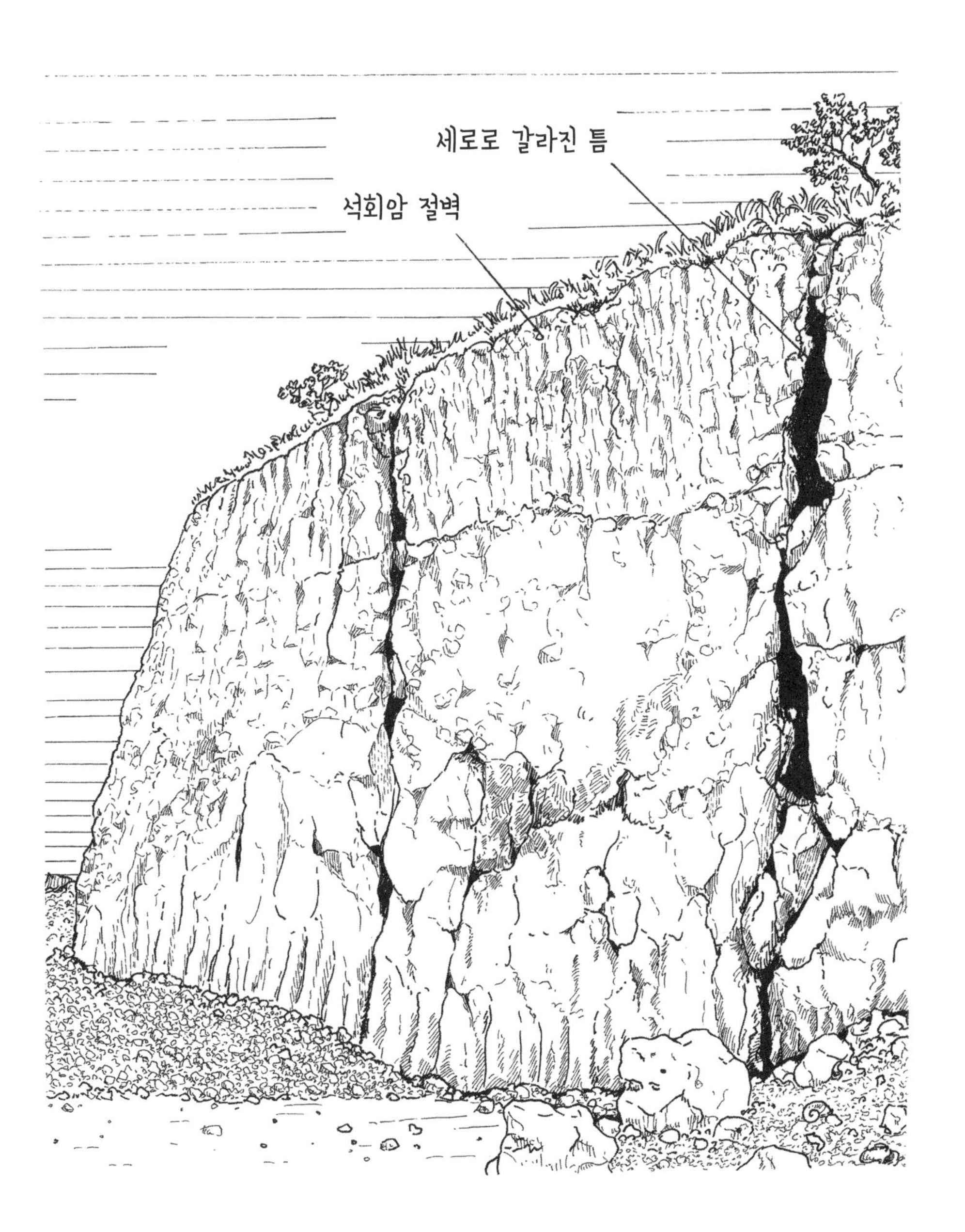

왔다. 그곳에서 뼈 화석을 여러 번 찾아냈다.

어느 날 이 석회암 균열에서 흙을 떠서 학교로 가져갔다. 그리고 학생들에게 흙 속에 숨어 있는 작은 뼈를 찾아보라고 했다.

"선생님, 이거 뭐예요?"

잠시 후 아쓰시가 흙 속에서 뼈 하나를 찾아냈다. 아쓰시는 조금 남다른 아이였다. 처음 만났을 때는 눈도 잘 마주치지 않고 목소리가 너무 작아서 무슨 말을 하는지 당최 알아들을 수가 없었다.

얼마 지나 아쓰시가 생물을 좋아한다는 것을 알게 되면서 함께 화석을 찾으러 가곤 했다. 아쓰시는 밖을 돌아다니면 생물을 여간 잘 찾아내는 게 아니었다. 이날도 아쓰시가 흙 속에서 찾아낸 뼈를 보고 왠지 한 방 먹은 기분이었다.

납작한 그 뼈는 한눈에 봐도 거북의 늑갑판이라는 것을 알 수 있었다. 길이는 2센티미터에 폭이 1센티미터인 이 뼈는 어떤 종인지는 모르겠지만 새끼 거북이 분명했다. 이것이 두 번째로 주운 거북 배의 화석이다.

오키나와 남부에는 현재 유입된 거북 종만 서식하고 있다. 그렇다면 1만 년 전의 이 거북은 어떤 거북일까?

나는 이 화석이 어떤 거북의 화석인지 좀 더 자세히 알고 싶었고, 의외의 곳에서 실마리를 찾을 수 있었다.

"여보세요? 모리구치 선생님이세요?"

수화기를 통해 들려온 건 젊은 남자의 목소리였다. 얘기를 나누다 보니 그의 이야기가 좀 더 듣고 싶어졌다.

"만나서 얘기할 수 있을까요?"

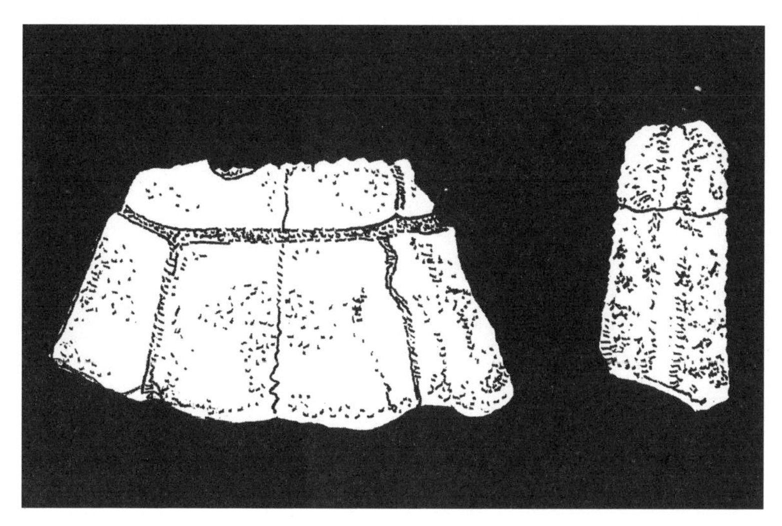

거북의 화석　　(왼쪽) 오야마육지거북(?)의 연갑판
(오른쪽) 아쓰시가 발견한 늑갑판

나는 수화기에 대고 그렇게 말했다.

그는 본토의 거북 화석을 연구하는 대학원생인데, 지금은 오키나와에 거북 화석을 조사하러 와 있다고 했다.

약속 장소에 나가자 깡마른 남자가 등에 배낭을 메고 나타났다. 우리는 오로지 거북에 대해서 몇 시간 동안 이야기꽃을 피웠다.

나는 그에게 바로 '거북 군'이라는 애칭을 붙여 줬다. 거북 군은 1,800만 년 전에 살았던 보석거북의 화석을 전문적으로 연구한다고 했다. 그러면서 다른 거북의 화석도 조사하고 있었다.

"오키나와에도 옛날에는 자라가 있었는데 그 뒤로 한 번 멸종한 것 같아요. 화석이 발견되거든요. 지금 생존하는 자라는 어떻게 유입되었는지 아직 확실히는 알 수가 없어요."

그렇게 말하는 거북 군의 배낭 속에는 현생종인 자라의 뼈도 한 벌 들어 있었다.

"그런데 나를 어떻게 알았지?"

"류큐 대학 사사키 교수님이 알려 주셨어요."

내가 오키나와에 온 지 얼마 되지 않아 길도 잘 못 찾을 때, 류큐 대학 농학부의 사사키 교수를 방문한 적이 있다. 사사키 교수는 거미와 토양 생물이 전문 분야인데, 오키나와에 있는 생물에 대해 모르는 것이 없었고 나는 그 지식에 압도되었다.

그 이후 얼굴은 자주 보지 못했지만 나는 오키나와에서 본 생물들을 모조리 기록해 그걸 사사키 교수에게 보냈다. 그래서 사사키 교수는 내가 바다거북의 뼈를 줍는다는 것을 기억하고 있었다.

거북 군은 바닷가에서 바다거북의 늑갑판 하나를 주웠고, 그 정체를 알고 싶어서 류큐 대학을 방문한 것이다. 거북 군은 물론 거북 전문가지만, 그중에서도 민물거북 전문이므로 바다거북의 뼈를 모두 알지는 못했다. 사사키 교수가 거북 군에게 나를 소개해 주었고, 그래서 나에게 연락을 한 것이다.

"음, 어쩌다 보니 내가 바다거북 뼈 전문가가 됐군."

조금 우스웠다.

거북 군이 주운 뼈를 내가 가지고 있는 뼈와 비교해 보았다.

"아마 붉은바다거북의 오른쪽 두 번째 늑갑판일 걸세. 그것도 화석이 아니라 현존하는 거북이야."

나는 그렇게 감정을 했다.

이렇듯 바다거북의 뼈에 관해서는 내가 아주 조금 더 잘 알지만,



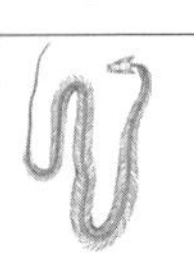

거북 자체로 보면 거북 군이 한 수 위였다. 그래서 나도 내가 가진 정체 모를 거북 뼈를 거북 군에게 보여 주었다. 그것은 아주 오래전에 자유숲 학교 선생님으로 있을 때 학생인 미노루가 규슈 해안에서 주운 것이었다.

거북 군은 그 뼈를 한참 동안 만지작거리더니 말했다.

"이건 외래종 거북의 뼈 같아요. 일본 거북 중에는 늑갑판과 연갑판 사이에 틈이 있는 것은 없거든요. 애완용 거북이 죽어서 바다로 흘러들었다가 다시 해안으로 떠밀려 온 것 같은데요."

거북 군은 이렇게 덧붙였다.

"어느 종인지 이름은 모르겠지만 늪거북과라고 생각해요."

"뭐? 늪거북과라고?"

"늪거북과는 제3 연갑판에 구멍이 있는 것이 큰 특징이에요."

더더욱 무슨 말인지 알 수 없었다.

거북의 껍데기를 앞에서 들여다보면 배딱지와 등딱지가 이어진 부분이 있다. 그 이어진 연갑판 부분에 작은 구멍이 보인다. 거북 군이 가르쳐 준 뒤에야 난 비로소 거기에 작은 구멍이 있다는 걸 알았다.

"이건 신경이 지나는 구멍인가?"

"아뇨, 냄새를 내는 구멍이에요. 냄새샘구멍이죠."

"아, 그 남생이가 뿜어내는 냄새 말이지? 남생이는 늪거북과 거북이지."

"맞아요. 육지거북에는 이 구멍이 없어요. 일본에 있는 늪거북과 거북 중에서 가장 조상에 해당하는 것이 남생이에요. 반대로 육지거북에 가까운 것은 중국상자거북이고요."

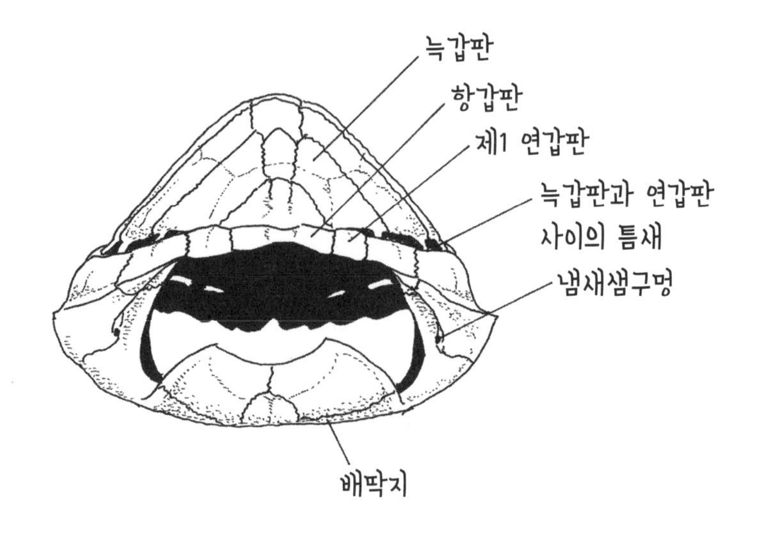


바닷가에서 주운 수수께끼의 거북
*남생잇과의 일종(껍데기 폭 7cm)

남생이, 늪거북, 노란연못거북, 류큐검은가슴잎거북, 남방상자거북. 일본에 있는 이 거북들은 모두 늪거북과의 거북들이다.

나는 그때까지 물가에 서식하는 노란연못거북과 육지에 서식하는 중국상자거북은 전혀 다르다고 생각했지만 그렇지가 않았다. 반대로 애완동물로 팔고 있는 외국에서 들여온 진짜 육지거북과 중국상자거북은 전혀 달랐다. 그리고 중국상자거북의 뼈에도 확실히 작은 구멍이 있었다.

드디어 본론으로 들어가기로 했다. 나는 동굴에서 발견한 정체를 알지 못했던 거북의 뼈 화석을 거북 군에게 보여 주었다.

“이건 오야마육지거북이 아닐까 싶은데요.”

거북 군은 동굴에서 찾아낸 거북의 연갑판을 보고 그렇게 말했다. 역시 내 짐작이 맞았던 것이다.

그렇다면 아쓰시가 찾아낸 뼈는 어떨까? 새끼 거북이라 종을 확실히 알 순 없지만 거북의 늑갑판이라는 것은 분명하다고 했다.

남부 지역의 다른 석회암 균열에서는 류큐검은가슴잎거북의 화석도 나온다고 책에 쓰여 있다. 아쓰시가 발견한 뼈는 류큐검은가슴잎거북이거나 오야마육지거북의 새끼일 가능성이 있다. 어느 쪽이든 석회암 균열에서 1만 년 전 동물이 눈앞에 모습을 드러낸 것이다.

나는 거북 군을 사시키 마을의 석회암 균열로 안내했다.

"정말로 뼈가 나오네요."

석회암 균열에서 흙과 함께 작은 뼈가 후두두 떨어졌다. 나는 이곳에 여러 번 왔었고, 사슴 뼈를 찾아낸 적이 있기는 하지만 그것은 극히 드문 일이었다. 주로 나오는 건 작은 동물의 뼈였다.

그런데 이날은 깜짝 놀랐다. 거북 군이 바닥에 떨어진 흙을 살펴보다가, 발밑에서 뼈를 하나 주워 올리면서 이렇게 말한 것이다.

"이거 되게 크네요. 오야마육지거북일지도 모르겠어요."

그 뼈도 연갑판이었다. 그동안 몇 번이나 석회암 균열을 방문했지만 그 자리에서 거북 뼈를 찾아낸 적은 한 번도 없었다. 그런데 처음 오자마자 단번에 주워 올리다니, 과연 거북 군이다.

오키나와에 와서 만난 뼈들, 그것은 어묵의 뼈와 바다거북의 뼈, 그리고 이 석회암 균열 속에서 찾아낸 뼈였다.

# 얀바루의 뼈
## — 오키나와가시쥐

"작년에 왔을 때 저쪽에 말이 있었는데, 보러 가요."

아쓰시가 권했다.

여름 방학이 끝날 무렵, 산호 학교에서는 캠핑을 간다. 장소는 오키나와섬 중앙, 서쪽으로 튀어나온 모토부반도의 끝이다. 눈앞에는 바로 바다가 있다.

학생들은 캠핑장에 도착하자마자 곧바로 바다로 뛰어들기 시작했다. 단체 행동이 어색한 나와 아쓰시만 우두커니 남았다.

"그럼 가 볼까?"

둘이서 근처 목장으로 가 보았다. 그런데 말은커녕 소 한 마리 보이지 않았다. 어쩔 수 없이 주변을 한 바퀴 둘러보고 캠핑장으로 돌아가기로 했다.

한참 걷는데 길옆에 절벽이 보였다. 하얀색 석회암 절벽이다. 그 순간 피가 끓었다. 반시뱀을 조심하면서 풀밭을 지나 절벽 아래에 도착했다. 높이는 대략 3.5미터로, 거대한 절벽은 아니다. 역시 채석장



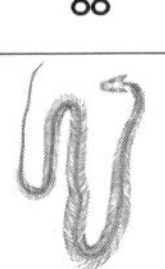

이었던 흔적이 남아 있었다.

그런데 절벽의 갈라진 틈이 흙으로 메워져 있었다. 흙 속에 달팽이 껍질이 들어 있는 것도 보였다. 석회암 균열 속에 반드시 뼈 화석이 들어 있는 것은 아니다. 흙만 꽉 차 있을 수도 있다. 그럴 때 달팽이 껍질은 화석을 찾는 좋은 잣대가 된다.

내가 자주 가는 사시키 마을의 석회암 균열에서도 처음에는 달팽이 화석만 눈에 띄었다. 달팽이라고 해도 역시 1만 년 이상 된 어엿한 화석이다. 그중에는 멸종된 종도 섞여 있다. 물론 달팽이 화석만 있고 다른 화석은 없는 경우도 있지만.

난 절벽을 기어올랐다. 자칫하면 손으로 움켜쥔 바위가 툭 빠지는 일도 있으므로 조심해야 한다. 전에 한 번 절벽에서 떨어져 손바닥이 쭉 찢어진 적도 있다.

"다치기 전에 얼른 내려오세요."

절벽 아래 있던 아쓰시가 외쳤다.

석회암을 움켜쥐고 있는 손발이 점점 아파 왔다. 모기의 공격도 견디기 힘들었다. 그래도 내려가기 전에 흙 속에서 작은 뼈 몇 개를 찾아내어 만족스러웠다. 엄청난 석회암 균열은 아니니 대단한 뼈는 나오지 않을 거라고 생각하면서도.

그런데 절벽 아래로 내려와 주워 온 뼈들을 살펴보다가 깜짝 놀랐다. 길이 2센티미터에 두께가 3밀리미터인 평평하면서 조금 구부러진 뼈가 눈길을 끌었다. 이것은 쥐의 앞니다. 이빨 앞부분에 에나멜질이 적갈색으로 선명하게 물들어 있었다.

이 앞니는 날다람쥐라고 보기엔 너무 작지만, 쥐의 이빨이라기엔



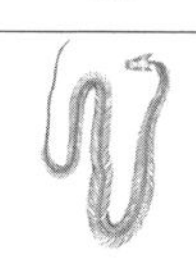

너무 크다. 이렇게 커다란 쥐는 오키나와에 단 하나뿐이다. 류큐긴꼬리자이언트쥐다.

나무에 사는 이 쥐는 일본에서 가장 큰 쥐다. 머리 길이가 2~3센티미터이고 꼬리도 대략 비슷한 길이다. 얀바루, 아마미 제도, 도쿠노섬에 서식하는데, 얀바루에서는 멸종 직전이라고 한다.

개발뿐 아니라 사람들이 들여온 몽구스나 들고양이가 류큐긴꼬리자이언트쥐의 생존을 위협하고 있다. 나도 아직 야생 상태의 류큐긴꼬리자이언트쥐의 모습은 보지 못했다. 석회암 균열 주변에는 목장이나 밭은 있지만 진짜 숲은 남아 있지 않다. 그런 곳에도 예전에는 류큐긴꼬리자이언트쥐가 서식하고 있었다. 그 점이 놀라웠다.

사시키 마을의 석회암 균열을 알고 나서 흙에서 맨 처음 찾아낸 것도 쥐의 앞니였다. 길이가 15밀리미터에 살짝 구부러진 이빨이었다. 쥐의 위턱에 붙은 앞니는 길이가 짧고 활처럼 구부러져 있다. 아래턱에 있는 앞니도 길지만 구부러진 정도가 덜하다. 내가 찾아낸 것은 아래턱의 앞니였다.

석회암 균열에 처음 갔을 때 쥐의 앞니를 주운 건 정말 운이 좋았던 것이다. 하지만 그게 정말 화석이라고는 생각하지 못했고, 물론 어떤 쥐인지도 알 수 없었다.

그래도 땅바닥을 한참 동안 뚫어지게 노려보고 있었더니 길이 1~2센티미터가량의 뼈처럼 보이는 것을 몇 개 발견했다. 미나토가와의 석회암 균열 이야기를 듣고 갔기 때문에 사슴 뼈가 우르르 나오기를 기대하기도 했지만, 그런 일이 실제로 일어날 리는 없다. 내가 찾을 수 있는 건 좀 더 작은 뼈들이었다.

## 석회암 균열에서 발견한 뼈

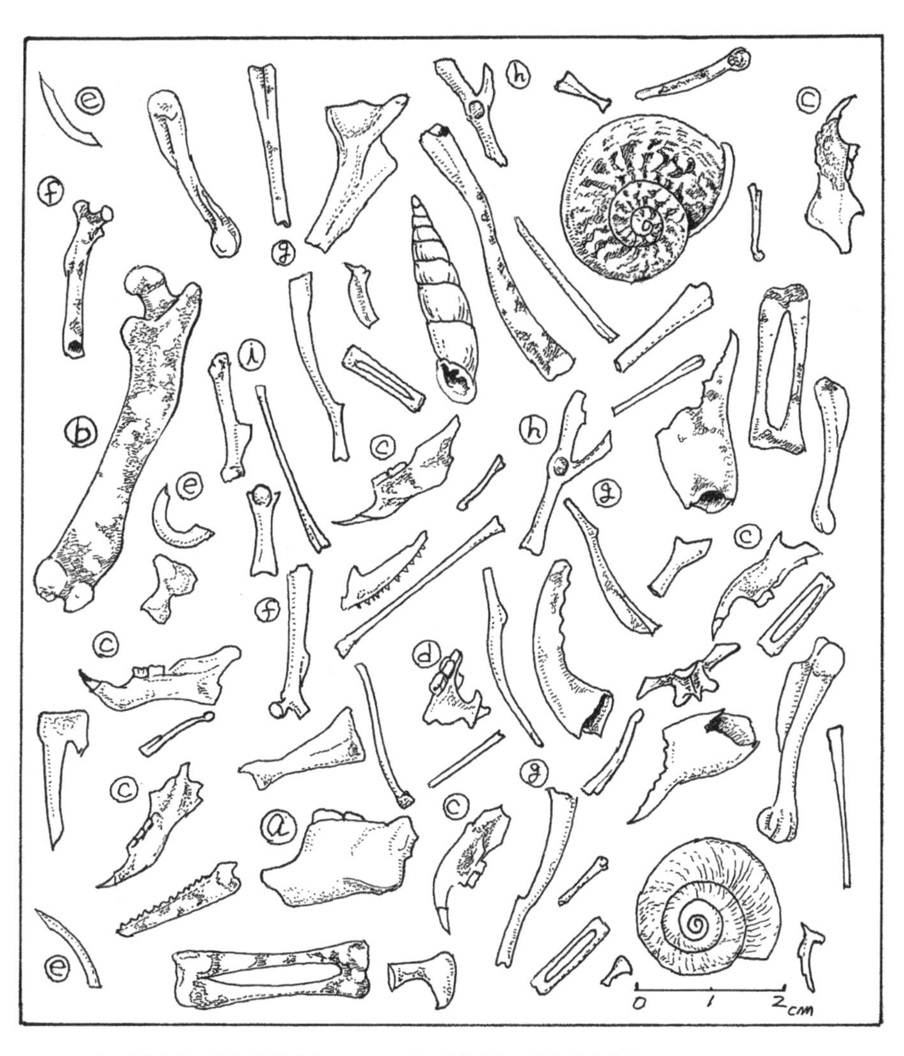


ⓐ 류큐긴꼬리자이언트쥐의 아래턱뼈 ⓑ 류큐긴꼬리자이언트쥐의 넙다리뼈
ⓒ 오키나와가시쥐의 아래턱뼈 ⓓ 오키나와가시쥐의 위턱뼈
ⓔ 오키나와가시쥐의 앞니 ⓕ 오키나와가시쥐의 넙다리뼈
ⓖ 오키나와가시쥐의 종아리뼈 ⓗ 오키나와가시쥐의 볼기뼈
ⓘ 오키나와가시쥐의 위팔뼈

※그 밖에 달팽이의 껍데기, 물맞이게의 집게발, 도마뱀, 개구리의 뼈 등이 있다.

그래도 자주 가다 보니 자잘한 뼈들이 점점 눈에 들어왔다. 개수가 많지는 않아도 더러는 사슴 뼈의 조각을 발견하기도 했다. 그 사슴들은 이미 멸종했으므로 지금 발굴되는 뼈는 1만 년도 더 된 것이다. 나는 점점 더 진지한 마음으로 뼈를 찾게 되었다.

가느다란 뼈도 뼈는 뼈다. 더군다나 작은 뼈는 주워도 어떤 뼈인지 알기 어렵기 때문에 뼈의 정체를 밝혀내는 재미를 느끼게 됐다.

그렇게 해서 절벽에서 뼈 찾기가 시작되었다.

그러면서 한 가지 사실을 깨달았다. 나는 자유숲 학교에 있을 때도 뼈를 발랐다. 골격 표본 만들기는 두 가지가 있다. 하나는 그 동물의 특징을 가장 잘 살리고 보기에도 그럴듯한 머리뼈 골격 표본 만들기다. 또 하나는 만들 때는 고생스럽지만 다 만들고 나면 뿌듯한 전신 골격 표본 만들기다.

그런데 절벽을 탐험하는 것은 어느 쪽에도 도움이 되지 않는다. 우선 머리뼈는 부스러져서 완전한 형태로 남아 있는 경우가 없다. 기껏해야 아래턱이 남아 있는 정도다. 그리고 절벽에서 나오는 건 하나하나 흩어진 뼈이므로, 무슨 뼈인지 정확히 판별하여 골격 표본을 완성하기도 힘들다.

사이타마에 있을 때는 쥐 골격 표본 만들기를 여러 번 했다. 학교에서 키우던 고양이가 주변 숲에서 흰넓적다리붉은쥐를 잡아 와 버려 두곤 했다. 학생들이 그것을 보고 또 부지런히 나에게 가져다주었다.

그런데 오키나와에는 흰넓적다리붉은쥐가 없다. 내가 가진 것은 시궁쥐의 머리뼈뿐이다. 이럴 줄 알았다면 이사할 때 쥐의 골격 표본을 가져올 걸 하며 후회했지만, 이미 지난 일이다.

오키나와에는 외래종인 류큐쥐와 곰쥐가 서식하지만, 나하에서는 길을 가다가 쥐의 사체를 주운 일도 없다. 상황이 이렇다 보니 쥐 머리뼈는 금방 머릿속에 떠오르지만 쥐의 손발 뼈가 어떻게 생겼는지는 알쏭달쏭하다. 절벽에서 뼈를 산더미처럼 찾아냈지만, 그중 어떤 것이 쥐의 뼈인지 알아볼 수가 없었다.

불현듯 내가 쥐의 뼈를 딱 하나 가지고 있다는 사실이 생각났다. 그것은 펠릿 속에 있는 뼈다. 펠릿이란 육식성 새가 소화를 못 시켜 뱉어 낸 토사물이다. 군마현의 어느 박물관에 근무하는 친구가 내가 방문했을 때 선물로 준 것이다.

그 친구는 해외 온라인 사이트에서 이 펠릿을 구입했다고 한다. 미국은 수업 교재를 구할 때도 여러 방법으로 구매할 수 있는 것 같다. 이 펠릿은 소독을 마친 후 개당 3달러에 판매한다고 했다.

은박지를 조심조심 풀자 털과 함께 뼈가 나왔다. 물론 미국에서 서식하는 쥐의 뼈다. 머리뼈가 조금 부서졌지만, 형태로 보아서는 초원에 서식하는 야생 들쥐의 일종이 아닐까 추측된다. 그리고 손발의 뼈도 같이 나왔다.

나는 펠릿에서 꺼낸 뼈를 옆에 두고 절벽에서 주워 온 작은 뼈들을 늘어놓았다. 그리고 어떤 뼈인지 알 수 있는 것부터 골라내기 시작했다. 이것은 쥐의 위팔뼈, 이것은 정강뼈……. 그런 식으로 뼈를 하나하나 분류하기 시작했다.

그런데 쥐의 뼈라는 것은 알았지만 어떤 종일까? 이번에는 그것이 마음에 걸렸다.

# 펠릿에서 나온 뼈

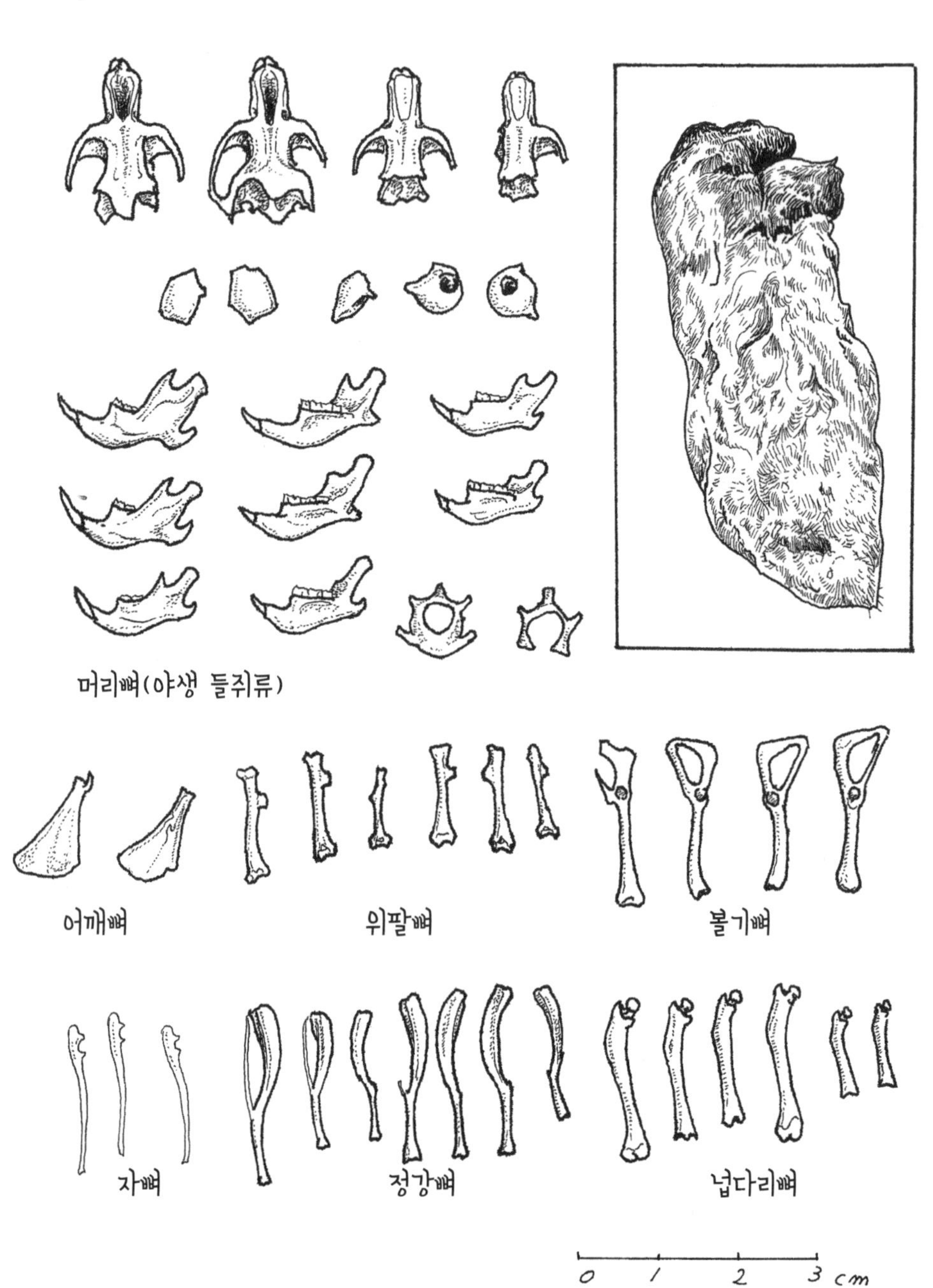

오키나와섬에 원래 살고 있던 고유종은 오키나와가시쥐와 류큐긴꼬리자이언트쥐 두 종류뿐이라고 한다. 내가 발견한 쥐의 턱 길이는 앞니를 빼고 20밀리미터이다. 이것은 류큐긴꼬리자이언트쥐라고 보기에는 너무 작다. 그렇다면 오키나와가시쥐의 뼈라는 얘기다.

오키나와가시쥐도 얀바루, 아마미 제도, 도쿠노섬에만 있는 희귀한 종이다. 몸에는 일반적인 털과 가시처럼 뾰족한 털, 두 종류의 털이 자란다. 얀바루에서 유입된 몽구스나 고양이 때문에 오키나와가시쥐는 개체 수가 급격히 줄었고, 이제는 거의 모습을 볼 수 없다.

오키나와가시쥐의 뼈일 것으로 추정되긴 했지만, 희귀한 쥐의 뼈를 이렇게 간단히 찾아낼 수 있는 걸까 의심스러웠다. 그래서 마지막으로 한 번 더 확인하고 싶어서 류큐 대학의 사사키 교수에게 자문을 구하러 갔다.

"오키나와가시쥐라고? 잠시만 기다려 보게."

사사키 교수는 그렇게 말하고 오키나와가시쥐의 표본을 가지러 표본 창고로 갔다. 그리고 잠시 뒤 알코올에 담긴 오키나와가시쥐의 머리뼈를 들고 돌아왔다.

사사키 교수는 작은 병에서 머리뼈를 조심스럽게 꺼내어 아래턱을 책상 위에 놓고, 내가 석회암 균열에서 주워 온 쥐의 턱을 옆에 나란히 놓았다.

"똑같네."

"똑같네요."

우린 동시에 말했다. 역시 오키나와가시쥐의 턱이었다.

그 뒤로 사시키 마을의 석회암 균열에서 쥐의 커다란 넙다리뼈도

주웠다. 오키나와가시쥐의 넙다리뼈는 길이가 24밀리미터 정도이다. 그런데 이 넙다리뼈는 53밀리미터나 되었다. 류큐긴꼬리자이언트쥐의 넙다리뼈를 본 적은 없지만, 아마도 류큐긴꼬리자이언트쥐의 넙다리뼈가 맞을 거라고 추측했다.

이렇게 자주 가다 보니 더 큼지막한 쥐의 아래턱도 주울 수 있었다. 훼손된 부분을 제외하고도 길이가 24밀리미터나 됐다. 류큐긴꼬리자이언트쥐의 턱이다.

사시키 마을의 석회암 균열 주변에는 사탕수수 밭이나 석회암 지대에 많이 자라는 천선과나무가 우거져 숲을 이루고 있다. 얀바루의 모밀잣밤나무 숲과는 분위기가 사뭇 다르다.

오키나와섬 남부는 일찍부터 사람들이 개간을 했고 전쟁 때문에 다시 파괴되었다. 예전에는 어떤 모습이었는지 이제는 알 수 없다. 그런 남부 지역의 석회암 균열에서 오늘날 얀바루에서도 보기 힘든 희귀종의 쥐 뼈가 나오는 것이다.

오키나와 사람들에게 얀바루가 어디냐고 물으면 대부분 '나고시에서 북쪽으로 간 곳'이라고 대답한다. 나고시에서 북쪽으로 가면 산들이 줄지어 있는데 그곳이 얀바루다.

단, 류큐 왕조 시대에 얀바루는 더 남쪽까지 내려온 것 같다. 그리고 오키나와의 생물 전문가들에게 물어보면 조금 다른 대답을 한다.

"진짜 얀바루는 나고시의 북쪽, 시오야만의 위쪽 지역이지."

그 이유는 시오야만 북쪽으로 올라가야만 얀바루의 고유한 생물들의 모습을 볼 수 있기 때문이다. 얀바루의 경계는 이렇게 시대마다, 사람마다 다르다.

## 얀바루의 숲

류큐긴꼬리자이언트쥐, 오키나와가시쥐, 반시뱀, 오키나와뜸부기, 류큐울새, 류큐호반새, 멧돼지, 류큐검은가슴잎거북 등이 있다.

생물의 모습으로 얀바루의 경계를 구분한다면, 석회암 균열에서 나오는 쥐가 그곳이 예전에 얀바루였음을 말해 준다. 예전에는 오키나와섬 전체가 얀바루였던 것이다.

오키나와 고유종인 쥐들은 사라지고 있다. 이것은 오키나와섬에서 얀바루가 사라지고 있다는 얘기가 된다. 석회암 균열에서는 류큐긴꼬리자이언트쥐의 턱이 하나, 오키나와가시쥐의 턱이 스물두 개가 나왔다. 옛날에는 오키나와가시쥐가 결코 희귀종이 아니었던 것이다.

# 하늘을 나는 뼈

## — 화석이 된 새

"선생님? 스기모토입니다."

"아, 잘 지냈나?"

"며칠 전에 섬휘파람새를 주웠어요. 그리고 상태는 안 좋지만 얼룩무늬납부리새도 주웠어요."

"부럽군. 나는 차로 두 번이나 돌아 봤는데도 전혀 못 찾았어."

"고속도로 인터체인지 주변에 새가 제법 떨어져 있어요. 차를 세울 수가 없지만요."

이런 대화를 들으면 이상하게 생각할 것이다. 스기모토와 전화를 하면 언제나 이런 내용의 대화가 이어진다. 스기모토를 알게 된 건 오키나와에 와서 몇 달이 지났을 무렵이었다.

"오키나와에서 생물에 정통한 사람을 알고 있으면 좀 소개해 줘."

오키나와로 이주한 뒤 지인 몇 명에게 부탁을 했고, 그렇게 소개받은 사람이 스기모토다. '오키나와 곤충에 관해서는 척척박사'라고 했다.

20대 후반의 청년인 스기모토는 긴 머리를 질끈 묶고 성큼성큼 걸어 약속 장소에 나타났다. 처음 만난 그날부터 그는 오키나와의 생물들에 대해 놀라우리만큼 해박한 지식을 쏟아 냈다. 그런 스기모토가 나와 친해지면서 뼈를 줍기 시작했다.

"지금까지 뼈가 떨어져 있어도 전혀 눈에 들어오지 않았어요."

바닷가에서 바다거북의 뼈를 주워 오면서 그는 이렇게 말했다. 스기모토는 뼈를 모으지 않으므로 줍는 족족 나에게 갖다주었다.

스기모토는 나와는 다른 취미가 있다. 바로 새의 박제를 만드는 것이다. 스기모토는 환경 조사 일을 해서 업무상 자주 야외로 나가곤 한다. 그때 새의 사체를 주워 오는 것이다. 원래도 새를 좋아했기 때문에 가끔 새를 줍곤 했는데 최근 들어 박제를 만들기 시작했다.

박제를 만들 때 머리뼈, 날개뼈, 다리뼈는 몸 안에 남겨 두지만 나머지 뼈들과 뱃살, 가슴살은 모두 제거한다. 박제를 만들고 남은 부위나, 뼈만 남아 박제로 만들 수 없는 사체는 나에게 가져다준다. 내가 새의 뼈를 기꺼이 받는 것은 역시 석회암 균열의 뼈와 관계가 있기 때문이다.

석회암 균열에는 새 뼈도 들어 있었다. 새의 뼈는 쥐의 뼈보다 식별하기가 훨씬 까다롭다. 나는 석회암 균열 속의 뼈를 줍기 전까지 새의 뼈를 제대로 관찰한 적이 없었다는 사실을 깨달았다. 그때까지는 새의 머리만 골격 표본으로 만들어 보았다.

새는 식성에 따라서 부리의 형태가 달라진다. 그 점이 재미있어서 새의 사체를 주우면 머리뼈만 발랐지, 몸의 다른 부분에는 관심을 가지지 않았다.

누구나 아는 것처럼 새는 하늘을 나는 생물이다. 새는 날기 위해서 뼈를 변형시키며 진화했다.

포유류는 가슴뼈가 그다지 두드러지지 않는다. 그러나 새는 날기 위한 근육을 붙여 두기 위해 가슴뼈가 발달했다. 근육이 붙은 면을 크게 만들기 위해 가슴뼈에는 '용골'이라고 부르는 돌출된 부분이 있다.

새들은 가슴뼈와 갈비뼈가 맞붙어 가슴 부분을 단단한 상자 모양으로 변형시켰다. 가능한 한 몸을 가볍게 하기 위해서 뼈도 퇴화시키거나 융합시켜 간소화했다. 어떤 새든 그러한 특징은 다르지 않을 것이다. 그래서 머리뼈를 제외하고 몸의 다른 부분의 뼈에는 크게 관심을 기울이지 않았다.

사정이 이렇다 보니 새의 뼈를 처음부터 다시 공부해야 했고, 차츰 어깨뼈 조각, 위팔뼈 위쪽 반, 정강뼈 아래쪽 반, 발가락뼈 등등을 식별할 수 있게 됐다.

그런데 문제가 한 가지 있었다. 쥐는 오키나와가시쥐와 류큐긴꼬리자이언트쥐 두 종류만 판별하면 됐지만 새는 그렇지 않다. 새의 날개에 있는 손허리뼈는 뼈 두 개가 합쳐진 것이므로 손허리뼈라는 것을 한눈에 알 수 있다. 그런데 손허리뼈만 보더라도 크기와 형태에 따라 네 종류로 나뉜다.

생각해 보면 새는 수많은 종이 있다. 그리고 뿔뿔이 흩어진 뼈의 정체를 밝히려면 실물과 비교해 보는 것이 가장 좋은 방법이다. 그 사실은 앞에서 말한 오키나와가시쥐의 경우에서 입증되었다.

이렇게 해서 나는 새의 사체를 찾기 위해 매의 눈이 되어야 했다.

자유숲 학교에서는 학생들이 곧잘 새의 사체를 주워 왔다. 대부분

## 새의 용골

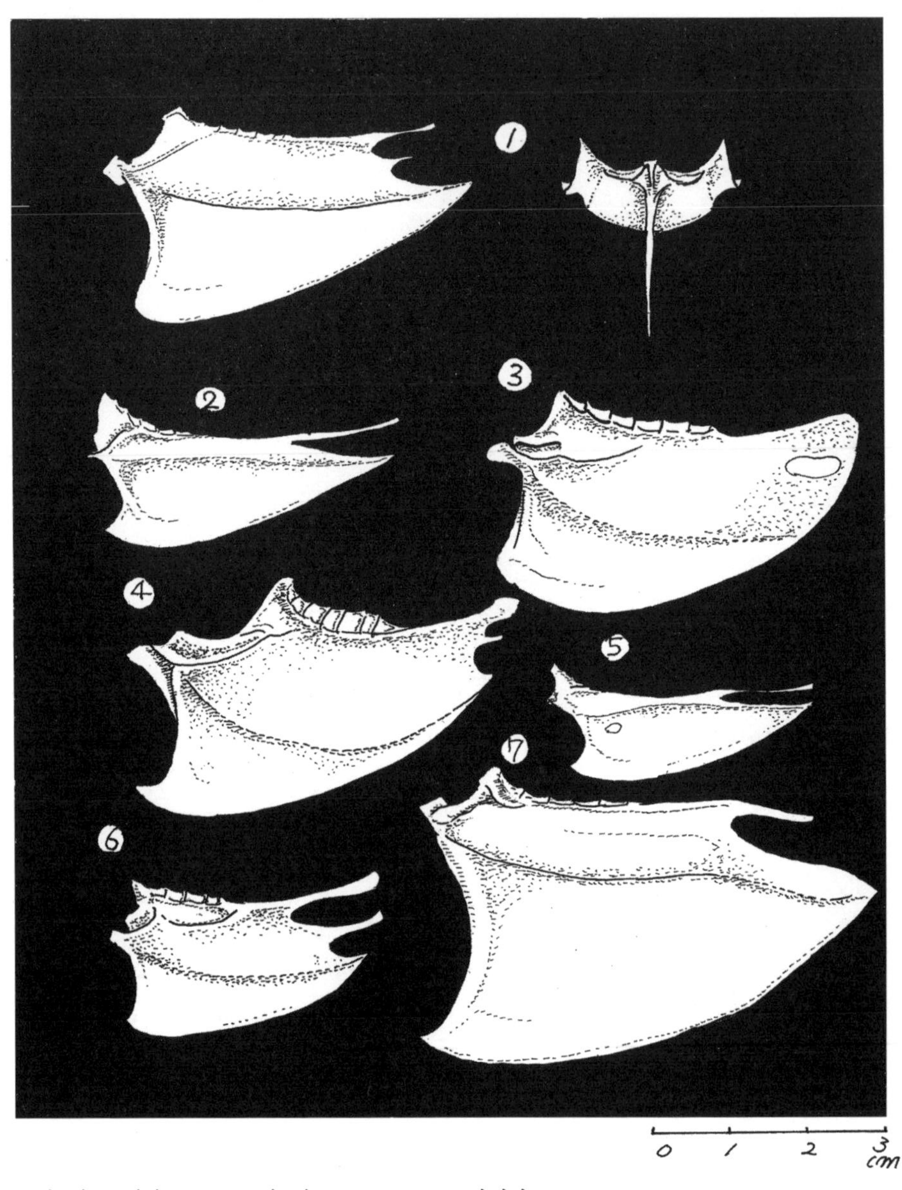


①검은가슴물떼새 ②쇠물닭 ③왕새매
④습새 ⑤쇠뜸부기사촌 ⑥솔부엉이
⑦멧도요

은 건물 유리창을 인지하지 못해 부딪혀 죽은 새들이었다. 호랑지빠귀, 촉새, 섬휘파람새, 물까치, 새매, 직박구리 등 종류도 다양했다. 물총새를 주워 온 적도 있다.

반면 오키나와에서는 딱 한 번 유리창에 부딪혀 죽은 새를 주웠을 뿐이다. 호시노가 겨울 철새인 흰배지빠귀의 사체를 길 위에서 발견했던 것이다.

오키나와에서 새를 주울 일은 없을 거라고 한동안 생각했다. 그런데 그렇지 않았다. 교통사고를 당하는 새가 있었기 때문이다. 사이타마에서는 교통사고를 당한 새를 주운 것은 부엉이뿐이었기 때문에 새가 교통사고를 당한다는 생각은 미처 하지 못했다.

그렇다고 오키나와에서 새들이 교통사고를 자주 당하는 것은 아니다. 쉽게 사고를 당하는 장소가 있는 것뿐이다. 길 양쪽에 덤불에 있는 곳, 혹은 밭 사이에 난 도로에서 주로 교통사고를 당한다. 신호등이 없어서 차들이 속도를 내고, 교통량도 많은 곳들이다. 또 도심 한가운데보다는 조금 외곽으로 나간 곳에서 사고가 잦다. 이런 사실을 깨달은 건 석회암 균열이 있는 장소가 바로 그런 곳이었기 때문이다.

석회암 균열에 자주 가다 보니 한동안 새의 사체를 자주 주웠다. 그중에는 완전히 납작해져서 뼈를 바르기는커녕 어떤 종인지조차 확인할 수 없는 사체도 있었다. 이와 반대로, 튕겨서 날아간 것인지 겉으로 보면 멀쩡한 사체도 있었다.

새가 자주 교통사고를 당하는 장소 두 곳을 잇는, 약 18킬로미터 정도 되는 도로에 떨어져 있는 새의 사체 수를 정리해 보니 다음과 같았다.



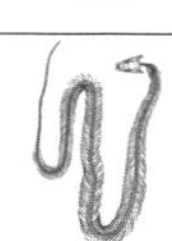

동박새 – 일곱 마리

개개비사촌 – 다섯 마리

참새 – 네 마리

섬휘파람새 – 네 마리

흰배지빠귀 – 네 마리

바다직박구리 – 두 마리

검은이마직박구리 – 두 마리

검은가슴물떼새 – 두 마리

직박구리 – 한 마리

꺅도요 – 한 마리

이 중에서 검은이마직박구리는 전쟁 후에 들어온 외래종이다.

우리 집 냉동실에는 새의 사체가 가득 차 있어서 음식을 넣을 틈이 전혀 없다. 거기에 더해 스기모토도 이리오모테섬에서 발견한 흰배뜸부기의 미라와, 솔부엉이와 회색다리뜸부기를 박제한 후 남은 가

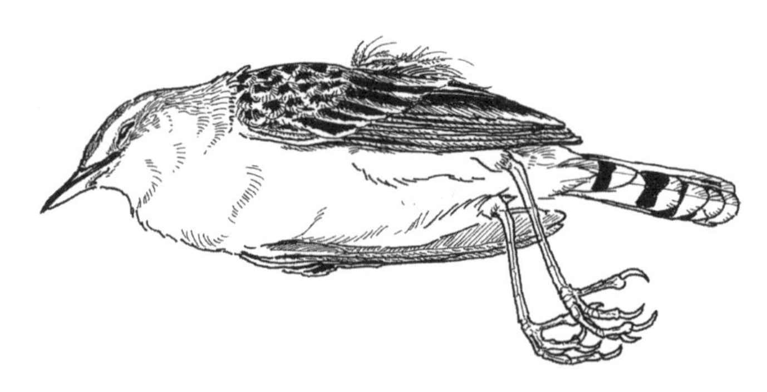

교통사고를 당한 개개비사촌

슴 부분을 가져다주었다.

짬을 내어 뼈 바르기를 했다. 이번엔 머리뼈보다 몸의 뼈를 살펴보고 싶었다.

되도록 뼈 하나하나를 따로따로 분리해서, 내가 가지고 있는 샘플 몇 가지와 석회암 균열에서 나온 뼈를 서로 비교해 보았다.

"안 되겠어, 뭐가 뭔지 도저히 모르겠잖아!"

내가 직접 주워 골격 표본을 만든 새와 석회암 균열에서 나온 새의 뼈가 일치하는 것이 없었다.

슈리에 있는 오키나와 현립 박물관으로 미나토가와인 전시를 보러 갔다. 발굴 30주년 기념 특별전이었다. 물론 이 특별전은 미나토가와인에 대한 전시였지만 내 관심사는 딴 데 있었다. 바로 사람 화석과 함께 전시된, 석회암 균열에서 나온 동물 뼈였다. 그중에 새의 뼈도 있었다.

예전에 오야마 씨의 주유소를 방문했을 때였다. 모리마사 씨가 미나토가와인에 대해 이야기한 뒤 화석 몇 가지를 나에게 보여 주었다.

"이건 오키나와뜸부기의 뼈예요."

모리마사 씨가 빈 병에 넣어 둔 뼈를 보여 주며 말했다. 오키나와는 예전에는 섬 전체가 얀바루였던 적이 있다. 그러므로 오키나와뜸부기도 남부 지역까지 분포하고 있었다.

실은 미나토가와에서 오키나와뜸부기의 뼈가 발견된 것은 오키나와뜸부기가 새로 발견된 종이라는 것을 알기 전의 일이었다. 뜸부기의 일종이라는 것은 알았지만 새로운 종이라는 것을 학계에서 인정하기까지 시간이 걸려 이름을 붙이지는 못했다. 이 화석을 발견했을 때 이름을 붙였다면 오키나와뜸부기를 지금 뭐라고 부르고 있을까? 오키나와 현립 박물관에서 간행한 〈미나토가와인 전시〉 팸플릿에는 미나토가와에서 출토된 새의 이름 목록도 포함되어 있다.

굵은부리왜가리
왜가릿과, 불명
말똥가리
오키나와뜸부기
쇠뜸부기사촌
아마미멧도요
휘파람녹색비둘기
비둘깃과, 불명
큰소쩍새
직박구리
아마미호랑지빠귀
흰배지빠귀
딱샛과, 불명
일본어치
류큐큰부리까마귀

이상 15종이다.

이 중에 아마미멧도요의 뼈가 가장 많이 나왔고, 다음으로 오키나와뜸부기의 뼈가 많이 나왔다. 아마미멧도요는 땅 위에서 서식하는



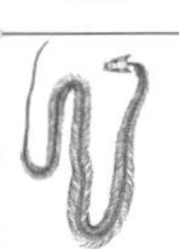

뀡이다. 이름대로 아마미 제도에서 가장 많이 서식한다.

아마미멧도요는 얀바루에서는 개체 수가 그리 많지 않지만, 예전에는 섬 전체에 다수 서식하고 있었다. 내가 석회암 균열에서 주워 온 뼈 중 유일하게 종을 알아낸 것도 이 아마미멧도요뿐이다.

놀라운 사실은 일본어치의 뼈가 발견되었다는 것이다. 일본어치는 지금은 아마미 제도와 도쿠노섬에서만 볼 수 있는 새지만 옛날에는 오키나와섬에 서식했다. 아마미호랑지빠귀도 마찬가지로 현재는 아마미 제도에서만 볼 수 있다.

지금의 얀바루는 오키나와의 자연이 남아 있는 귀중한 숲이지만, 이 화석은 얀바루에도 이미 멸종된 생물 종이 있음을 말해 준다.

이상하게도 오키나와 남부 지역에는 까마귀가 없다. 가끔 까마귀가 날아가는 모습을 볼 때가 있는데 그때는 나도 모르게 "어, 까마귀다!" 하고 소리를 지르게 된다. 까마귀는 얀바루나 도카시키섬에서는 흔하게 볼 수 있는 평범한 새인데도 말이다.

미나토가와의 석회암 균열에서는 까마귀 뼈도 나온다고 했다. 예전에는 남부 지역에도 까마귀가 분명 있었던 것이다. 언제, 그리고 왜 까마귀가 없어졌는지는 모른다.

석회암 균열에서 나온 새들의 정체를 정확히 알 수 없는 이유는 내가 그 새들의 뼈를 주울 수 없기 때문이다. 아마도 오키나와뜸부기의 뼈도 섞여 있을 거라고 생각하지만, 지금 살아 있는 오키나와뜸부기의 뼈와 비교할 수 없으므로 정확히 알 수가 없었다. 까마귀의 뼈는 내가 갖고 있었기 때문에 일단은 석회암 균열에서 까마귀 뼈를 찾는

# 석회암 균열에서 나온 새의 뼈

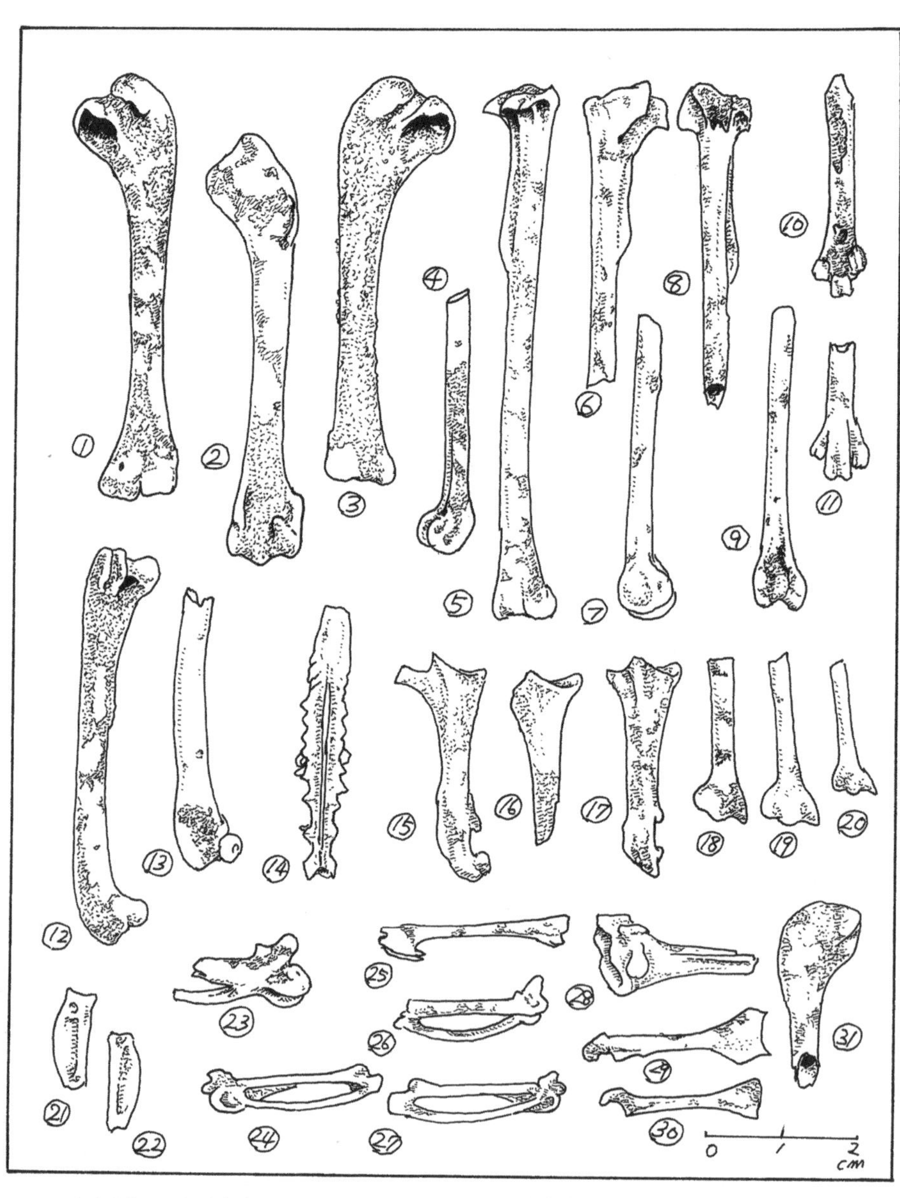


①~③ 아마미멧도요의 위팔뼈
④~⑨ 아마미멧도요의 정강뼈
⑩~⑪ 아마미멧도요의 정강발목뼈
⑫~⑬ 아마미멧도요의 넙다리뼈
⑭ 아마미멧도요의 엉치뼈
⑮~⑰ 아마미멧도요의 부리뼈
⑱~⑳ 아마미멧도요의 어깨뼈
㉑~㉒ 아마미멧도요의 발가락뼈
㉓ 아마미멧도요의 손허리뼈
㉔~㉛ 분명하지 않음

것이 새로운 목표가 되었다.

오키나와에 정착하고 1년 반이 지나 중고 트럭을 샀다. 자주 고장이 나고, 시끄럽게 털털거리고, 에어컨은 작동이 안 되고, 여름에도 엔진에서 뜨거운 바람이 나오는 고물 차였다. 그래도 짐칸이 있어서 바다거북을 실어 나를 수도 있는 그럭저럭 괜찮은 차였다.

어느 날 그 차를 타고 또다시 석회암 균열로 향했다. 이날 조수석에는 스기모토가 타고 있었다. 스기모토에게 새를 주울 수 있는 곳을 알려 주고 석회암 균열을 안내했다.

"아, 이렇게 되어 있군요."

"이게 오키나와가시쥐의 턱이야. 이쪽은 개구리 뼈고."

나는 발아래 떨어져 있는 뼈를 가리키며 스기모토에게 가르쳐 주었다.

"이 절벽 균열에서 오키나와의 옛 자연을 볼 수 있어."

그러자 스기모토가 털털거리는 소형 트럭을 가리키며 말했다.

"그렇다면 이 트럭은 타임머신이네요."

정말 그럴지도 모른다.

"다음에 아이들에게 타임머신을 태워 주겠다고 해야지. 그리고 트럭에 태워서 여기로 데려오는 거야."

우리는 마주 보고 한참을 웃었다.

# 주울 수 없는 뼈
## — 반시뱀

어느 날 요기에게서 전화가 왔다.

"선생님, 반시뱀을 잡았어요! 스케치하실래요?"

나는 뱀을 싫어한다. 보자마자 도망칠 만큼 싫어하는 것은 아니지만 굳이 잡고 싶은 생각은 없다. 그런 점에서 요기는 조금 특이해서 뱀을 보면 만지지 않고서는 못 배긴다.

전화를 건 전날 밤 요기는 집으로 가다가 반시뱀이 기어가는 것을 보았고, 그 뱀을 잡아 집으로 가져왔다고 했다.

"뱀을 넣어 둘 통이 없어서 손가락으로 머리를 누르고 다른 한 손으로 운전해서 돌아왔어요."

요기는 천연덕스럽게 말했다.

"손으로 누르고 왔다고?"

요기의 차는 오토매틱이 아니라 수동 기어다. 나는 그 말이 믿기지 않았다. 요기는 엄지손가락으로 반시뱀의 아래턱을 누르고 집으로 왔는데, 집에 도착해 보니 반시뱀의 엄니에서 독이 나와 손가락이 다



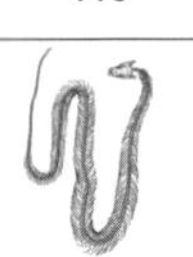

젖어 있었다고 한다.

"오키나와에 계시니까 반시뱀을 그리셔야지요."

요기는 웃으며 말했다.

이렇게 되면 어쩔 수 없다. 반시뱀을 잠시만 맡아 두기로 했다.

"학교로 가지고 갈게요."

요기는 뚜껑이 달린 플라스틱 양동이에 반시뱀을 담아 왔다. 하지만 양동이에 넣어 두면 반시뱀을 볼 수 없고, 뚜껑을 열면 뱀과 눈도 마주칠 자신이 없었다. 그래서 투명한 플라스틱 사육통으로 바꾸기로 했다.

"빗자루 좀 빌려주세요."

요기가 말했다. 반시뱀이 도망치려고 하면 잽싸게 누르기 위해서였다.

양동이에서 사육통으로 옮기다가 역시나 반시뱀이 탈출을 시도했다. 놀랄 틈도 주지 않고 요기가 빗자루로 반시뱀을 꾹 눌러 사육통에 집어넣었다. 학생들도 반시뱀을 보러 모여들었고, 우리는 한참을 반시뱀과 눈싸움을 했다. 으악!

반시뱀이 머리를 쳐들고 플라스틱 통에 격렬하게 머리를 부딪쳤다. 그 속도와 힘에 난 넋이 나갔다.

'이런 뱀한테 물리면 끝장이겠는데.'

사육통에 갇힌 반시뱀의 분노는 누그러들지 않았다.

"음…… 이 녀석 보통 사나운 게 아니네요. 자기가 잡혔다는 사실에 저렇게 펄펄 뛰는 걸 보니."

요기가 덤덤하게 말했다.

난 반시뱀을 집으로 가지고 돌아왔다. 한참 뒤 반시뱀의 분이 조금 가라앉은 것 같아서 스케치북을 들고 납작 엎드려 사육통으로 가까이 다가갔다. 그런데 뱀이 몸을 흔들거리더니 갑자기 고개를 번쩍 쳐들었다. 크학!

으악! 도저히 안 되겠다. 스케치를 할 수가 없다. 이렇게 몇 번을 반복하며 간단한 스케치는 몇 장 건졌지만, 반시뱀은 내가 집중해서 그릴 틈과 정신적 여유를 주지 않았다.

사흘 뒤 요기에게 반시뱀을 돌려주었고, 요기는 이 반시뱀을 들에 풀어 주었다.

“선생님 전에 말했던 반시뱀이에요.”

대학생인 조가 가지고 온 것은 아직 어린 반시뱀이었다. 물론 이번에는 사체였다. 아마도 차에 치여 죽은 것 같았다. 조는 동물 연구를 하고 뼈도 직접 모으지만, 냉동실에 있던 반시뱀을 나에게 특별히 양보해 주었다.

모처럼 얻은 반시뱀이라서 전신 골격 표본을 만들기로 했다.

껍질을 벗기고 내장을 제거했다. 살도 거의 붙어 있지 않았다.

뱀은 척추뼈와 갈비뼈가 많기 때문에 뼈를 바를 때는 푹 끓이면 안 된다. 뿔뿔이 흩어지면 두 번 다시 짜 맞출 수 없으니까. 그래서 큰 그릇에 뱀을 넣고 물을 부어 거기에 틀니 세정제를 떨어뜨렸다. 먼저 나온 책 《뼈의 학교》에서 동료 교사인 야스다가 ‘폴리덴트법’이라고 이름 붙인 방법이다.

꼭 폴리덴트 액이 아니라도 단백질 분해 효소가 들어간 파이프 세

정제를 사용해도 된다. 한참 내버려 두면 살이 서서히 녹아내리는데, 실온에 놓아두면 시간이 걸린다. 용액은 이틀에 한 번은 새로 바꿔 줘야 한다. 그렇지 않으면 녹기도 전에 썩어 버린다. 그리고 핀셋으로 조금씩 살과 근육을 떼어 낸다. 꾸준히 해 나갈 끈기가 필요하다.

뱀은 척추뼈를 따라서 가느다란 근육이 몇 가닥 붙어 있다. 이것을 떼어 내는 것이 쉽지 않다. 또 머리 부분이 길어서 자칫하면 뼈가 쉽게 흐트러지기 때문에 주의해야 한다. 마지막으로 종이 위에 놓고 말리면 그럭저럭 끝이 난다. 드디어 완성이다.

"물고기 같아요."

"지네처럼 생겼네요."

오야마 초등학교에서 뱀의 뼈를 보여 주니 아이들이 이런 반응들을 보였다.

갈비뼈가 잔뜩 있는 모습은 확실히 물고기 뼈나 지네를 연상시킨다. 갈비뼈가 붙어 있는 부분이 사람으로 치면 가슴과 배다. 그 뒤가 꼬리다. 조가 준 반시뱀은 전체 길이가 71센티미터이고 그중에 꼬리가 12센티미터였다.

"오키나와에는 반시뱀이 워낙 많아서, 독이 없는 뱀을 봐도 사람들이 반시뱀이라고 생각하고 모두 피해요."

뱀을 좋아하는 요기는 이렇게 탄식했다.

사람들에게 뱀을 보여 주면 대개는 "이거 독사예요?"라고 묻는다. 오키나와에서는 특히 '뱀은 독사'라는 이미지가 강하다. 얀바루의 자연 관찰 모임에서 장님뱀의 뼈를 보여 주었을 때 역시 같은 반응이 나왔다.

반시뱀의 전신 골격

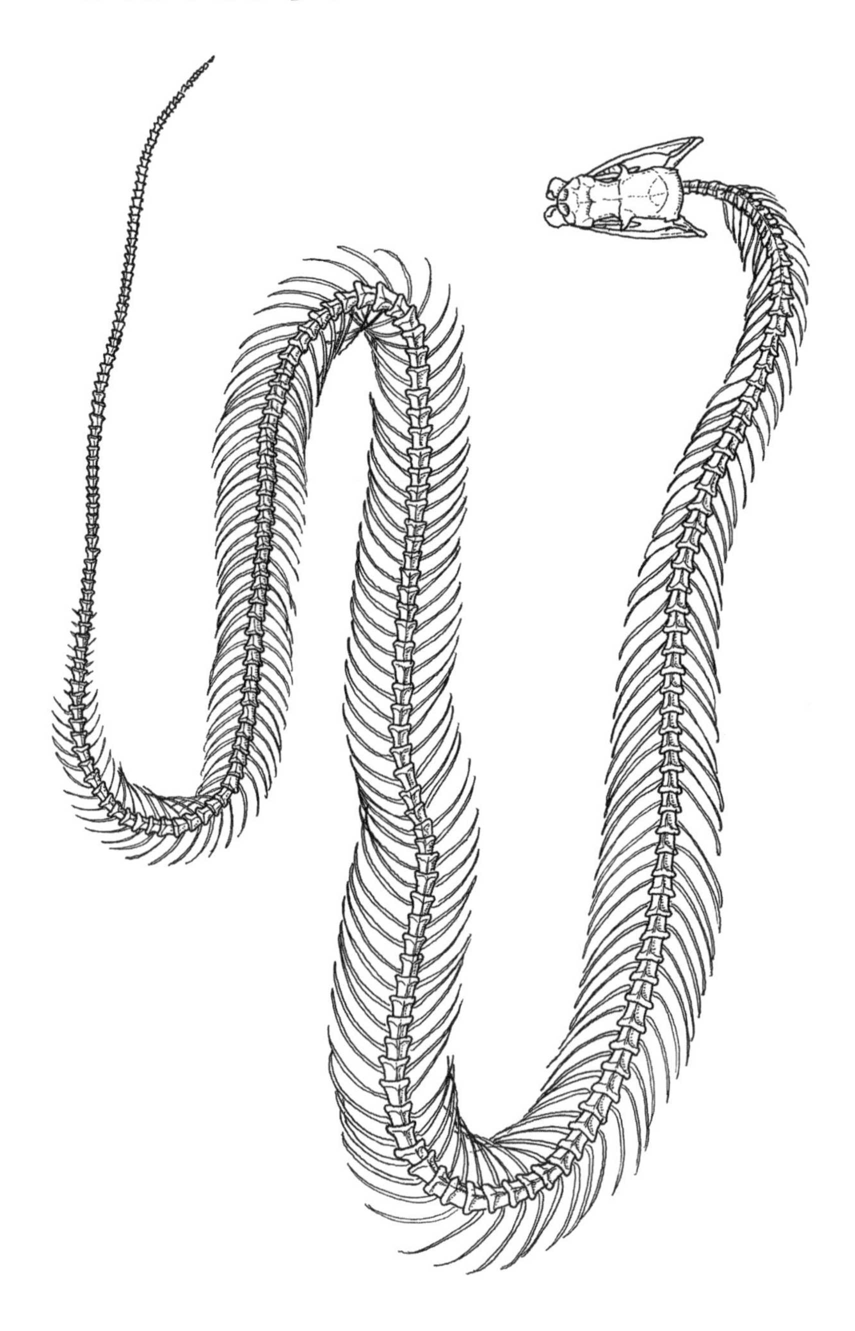

"이거 독사예요?"

장님뱀은 일본에서 서식하는 가장 작은 뱀이다. 겉모습은 꼭 지렁이처럼 생겼다. 보통은 쓰러진 나무둥치에 숨어서 흰개미를 먹고 산다. 스에요시 공원의 말라 죽은 나무에서 장님뱀을 찾은 적이 있다. 그리고 배수로에서도 장님뱀의 사체를 주웠다.

실체현미경으로 확대해 보면 이름과 달리 두 눈이 멀쩡하게 있다. 장님뱀의 껍질을 벗기고 폴리덴트법으로 골격 표본을 만들어 보았다. 작아서 잘 보이지는 않지만 갈비뼈가 분명하게 있다. 장님뱀도 역시 뱀이다.

특이한 점은 꼬리뼈가 짧다는 것이다. 장님뱀은 전체 길이가 133밀리미터이고 꼬리가 불과 3밀리미터였다. 장님뱀은 뱀 중에서도 꼬리가 짧은 편이다. 전 세계 열대 지방에 넓게 분포하고 있으며, 오키나와에는 인위적으로 유입된 것으로 추정된다.

처음에 석회암 균열의 흙 속에서 찾아낸 건 쥐의 앞니뿐이었지만, 차츰 여러 동물의 다양한 부위의 뼈가 들어 있다는 걸 깨달았다. 그 중에 척추뼈도 있었다. 새의 척추뼈와 개구리의 척추뼈는 눈으로 대략 구분할 수 있다.

석회암 균열에서는 반시뱀의 뼈가 자주 발견된다고 어느 책에서 읽었다. 그러므로 사시키 마을의 석회암 균열에서 잘 모르는 척추뼈를 줍는다면 반시뱀일 거라고 생각했다. 하지만 실제로는 반시뱀은 커녕 뱀의 척추뼈도 본 적이 없다.

그동안 주운 척추뼈들 중에서 정말로 뱀의 뼈는 어느 것일까? 그리고 척추뼈만 보고 어떤 뱀인지 구분할 수 있을까?

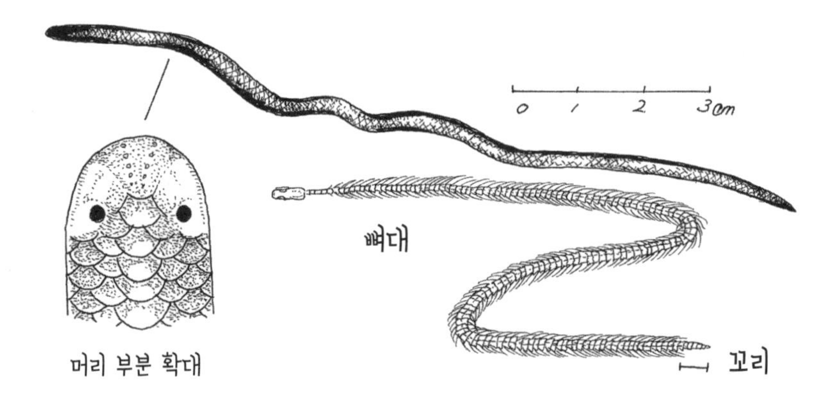


브라미니장님뱀

뱀의 머리는 엄니가 있어서 골격 표본으로 만들어 놓으면 근사하지만, 이번에는 척추뼈를 발라 보기로 했다.

책상 위에는 능구렁이가 놓여 있다. 능구렁이는 빨간색과 검은색이 번갈아 배열된 알록달록한 빛깔이 나는 예쁜 뱀이다. 교통사고를 당한 것치고는 눈에 띄는 외상도 없다.

"만져 봐도 돼요?"

책상에 둘러앉은 가오리, 겐타, 소나, 아즈, 미오, 구미코가 한목소리로 묻는다.

먼저 뱀을 만지면서 교감하는 시간을 가진 후 껍질을 벗겼다. 목 주변에 빙 둘러 칼집을 낸 뒤 꼬리 쪽으로 껍질을 죽 잡아당긴다.

"이것으로 산신(오키나와의 민속 악기)을 만들 수는 없나?"

구미코가 말했다.

"그럼 엄청나게 작은 산신이 될걸!"

누군가 답하자 모두 웃음을 터뜨렸다.

껍질을 다 벗기자 뱀의 내부가 훤히 드러났다. 뱀의 내장은 가늘고 길다. 폐도 길지만 폐 주변에 출혈이 심해 피가 엉겨 있어 잘 보이지 않았다. 뒤쪽으로 간이 가늘고 길게 뻗어 있다. 위도 간과 나란히 있는데, 속은 텅 비어 있었다.

"이 초록색은 뭐예요?"

"그건 쓸개야."

몸 뒤쪽으로 하얀색의 가늘고 긴 장기가 좌우로 비스듬히 있는데, 이것은 뭔지 잘 모르겠다. 책에서 찾아보니 아무래도 신장인 것 같다. 신장뿐 아니라 한 쌍을 이루는 장기들은 좌우로 비스듬히 자리하고 있다. 이것도 가늘고 긴 몸에 적응해 변화한 것이다.

"암컷이에요, 수컷이에요?"

"음, 수컷의 성기가 없으니까 암컷 같은데?"

나는 꼬리 주변을 더듬더듬 만져 보며 대답했다.

"수컷은 성기가 두 개나 있어."

아즈가 신이 나서 친구들에게 알려 주었다.

"어? 그러면 한 번에 암컷 두 마리랑 짝짓기할 수 있는 건가?"

금세 교실이 왁자지껄해진다.

수컷 뱀의 생식기는 정식으로는 반음경(hemipenis)이라고 해서 좌우에 각각 하나씩, 쌍을 이루고 있다. 양쪽 모두 사용할 수 있지만 짝짓기를 할 때는 한쪽만 사용하여 암컷 한 마리와 짝짓기한다. 반음경은 평소에는 몸 안에 들어가 있다가 짝짓기 때나 혹은 충격을 받으면 몸

밖으로 모습을 드러낸다.

전에 어떤 할아버지가 이런 얘기를 한 적이 있다.

"반시뱀은 다리가 있다는 것을 아나? 밭에 반시뱀이 나타나서 낫을 휘둘렀더니 목이 잘려 죽었어. 근데 장작불에 던져 넣었더니 조금 있다가 다리가 튀어나오더라고!"

그건 다리가 아니라 생식기라고 말해 주었지만 좀처럼 믿지 않았다. 하기야 뱀 중에 정말로 다리가 있는 뱀이 있기는 하다.

예전에 가오리가 산신 가게에 가서 산신의 몸통에 붙이는 비단구렁이 가죽 자투리를 받아 온 적이 있었다.

"잘라서 지갑에 넣어 둬."

가오리가 아이들에게 말하는 것을 무심코 흘려들었다. 그런데 가오리의 손에 들린 가죽을 보고 나는 눈이 휘둥그레졌다. 거기에 비단구렁이의 다리가 붙어 있었던 것이다. 뱀 중에서도 원시적인 뱀들은 다리의 흔적이 남아 있다. 비단구렁이에는 뒷다리의 흔적이 발톱처럼 붙어 있었다.

보통 산신을 만들 때 쓰는 가죽은 몸통의 두꺼운 부분만 사용한다. 그래서 꼬리 가까이에 있는 뒷다리가 붙어 있는 경우는 많지 않다. 그런데 가오리가 받은 가죽에는 한쪽 끝에 발톱처럼 생긴 뼈가 아슬아슬하게 남아 있었다.

"이 부분만 줄 수 있니?"

가오리에게 부탁해서 발톱처럼 생긴 뼈를 받아서 냄비에 익혔다. 그러자 거기서 작은 뼈가 나왔다. 뱀의 다리뼈였다.

# 뱀의 다리

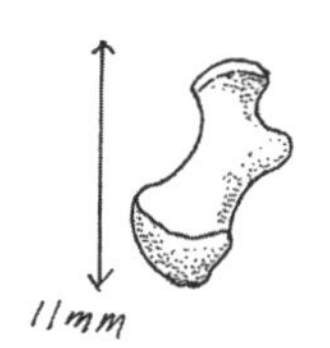


비단뱀의 다리뼈

산신용 가죽에서 떼어 낸 것

뱀의 반음경

이것을 다리라고
착각할 수 있다.

훈제한 넓은피큰바다뱀

오키나와 시장에서 자주 볼 수 있다.

능구렁이의 내장 관찰을 마치고 본격적으로 뼈 바르기를 시작했다. 이번 해부에서는 척추뼈를 살펴보는 것이 주된 목적이므로 몸통을 그대로 냄비에 익혔다. 이 경우도 익혀서 대충 살을 떼어 낸 후 폴리덴트 액에 담가 두면 깨끗하게 살을 제거할 수 있다.

예전에 길에서 주워 왔던 작은반시뱀과 류큐초록뱀도 이날 같이 해부해서 뼈를 발랐다.

반으로 자른 페트병에 뱀의 뼈를 담가 우리 집 베란다에 늘어놓았다. 거기에 더해 얼마 전에는 넓은띠큰바다뱀의 척추뼈도 추가되었다. 오키나와에서는 넓은띠큰바다뱀을 훈제해서 탕을 끓이는데, 호시노가 넓은띠큰바다뱀탕을 먹고 나에게 뼈를 선물로 준 것이다.

이렇게 모인 뱀 네 종의 척추뼈를 나란히 놓고 살펴보았다. 능구렁이와 류큐초록뱀은 척추뼈가 비슷하게 생겼고 작은반시뱀은 다르게 생겼다. 작은반시뱀의 척추뼈가 다른 점은 위아래에 돌기가 있다는 점이다. 능구렁이는 돌기가 있긴 하지만 위에만 붙어 있다. 넓은띠큰바다뱀의 척추뼈는 이런 점에서 작은반시뱀의 척추뼈와 비슷하다.

뱀의 분류에 따라 지금까지 살펴본 뱀들을 나누어 보았다.

- 장님뱀과 – 장님뱀
- 비단뱀과 – 비단뱀
- 뱀과 – 능구렁이, 초록뱀
- 코브라과 – 바다뱀
- 살무삿과 – 반시뱀, 작은반시뱀



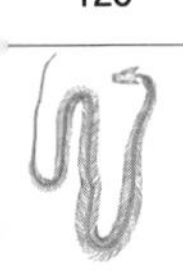

이렇게 정리하면 분류군이 가까운 것끼리 척추뼈가 비슷하다고 볼 수 있다. 반시뱀의 척추뼈는 직접 확인하지 못했으므로 책에 소개된 그림을 참고했다. 역시 작은반시뱀의 척추뼈와 생김새가 비슷했다. 이 점을 유의하며 석회암 균열에서 주워 온 뼈들을 살펴보았다.

반시뱀의 척추뼈로 보이는 것은 의외로 두 개뿐이었다. 한편 능구렁이의 척추뼈는 여섯 개였다. (나머지는 뱀의 척추뼈가 아니라는 것은 알겠지만 어떤 동물인지는 알 수 없었다.)

조가 나에게 준 반시뱀을 살펴보면 가장 큰 척추뼈의 폭이 5밀리미터였다. 그런데 석회암 균열에서 찾은 뼈들 중에 반시뱀의 것으로 추정되는 척추뼈가 하나 있는데, 폭이 13밀리미터나 된다. 크기로 보아 작은반시뱀은 아니다. 단순 계산하면 이 반시뱀은 몸길이가 1.8미터나 된다는 얘기다.

이렇게 해서 뱀의 척추뼈를 구분하는 법도 서서히 배워 갔다.

그러자 하나하나 분리된 진짜 반시뱀의 척추뼈도 살펴보고 싶다는 욕심이 생겼다. 지금까지 야외에서 반시뱀을 본 것은 토모키와 함께 보았던 그때뿐이다.

반시뱀은 그렇게 쉽게 마주칠 수 있는 뱀이 아니었던 것이다. 교통사고를 당한 반시뱀을 줍는 일도 없었다. 작은반시뱀이 차에 치여 죽어 있는 것은 세 번 보았지만.

그래서 스기모토에 전화를 걸어 물어보았다.

“저기, 만신창이가 된 사체라도 좋으니까 혹시 반시뱀 갖고 있니?”

“반시뱀요? 없어요. 전에 교통사고로 죽은 것을 본 적이 있긴 하지만요. 반시뱀을 줍는 건 그리 쉽지 않을 거예요.”



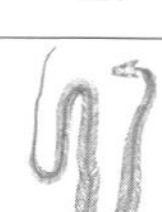

뱀의 척추뼈

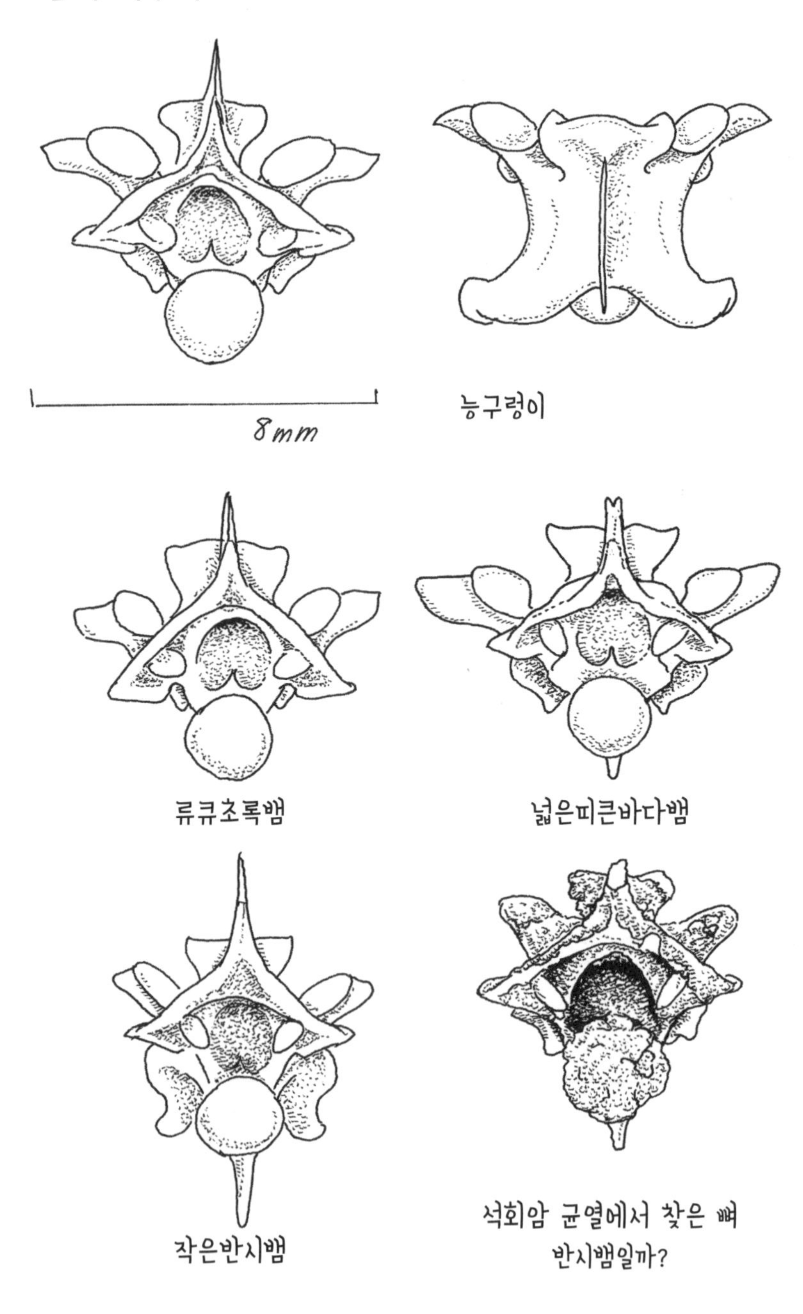

의외였다. 스기모토가 조사하는 숲에는 아직 원시적인 자연이 남아 있어서 다른 뱀은 제법 볼 수 있지만 반시뱀과 장님뱀만은 확인할 수 없었다고 한다. 장님뱀은 마을에서 많이 볼 수 있지만 원시적인 숲에서는 오히려 발견할 수 없다. 그런데 숲에서 반시뱀을 볼 수 없다니.

1만 년 전과 비교해 오키나와의 자연은 크게 변화했다. 그리고 그 변화는 지금도 계속되고 있다. 반시뱀 역시 그런 변화의 물결에 휩쓸리고 있다. 오키나와뜸부기나 긴꼬리자이언트쥐의 뼈를 줍기가 쉽지 않다는 것은 알고 있었지만, 오키나와에서 진짜로 주울 수 없는 뼈는 사실은 반시뱀이었다.

# 수수께끼의 뼈
## — 사슴

오키나와섬 남부의 석회암 균열이나 동굴에서는 멸종된 사슴의 뼈 화석이 발견된다. 화석을 통해서 류큐사슴이나 류큐옛아기사슴이라는 종을 발견할 수 있다고 책에 나와 있다.

사슴 뼈 화석을 주웠을 때 난처한 문제가 두 가지 생겼다.

하나는 그때까지 사슴 뼈는 머리뼈를 제외하고 주운 적이 없다는 점이다. 사슴 뼈 화석은 대부분 부서져 있다. 어느 부분의 뼈인지 알아내려면 현재의 사슴 뼈와 비교해 보는 것이 가장 좋지만 나는 비교할 뼈를 갖고 있지 않았다.

두 번째는 아기사슴의 존재다. 아기사슴이라는 것은 크기가 작은 사슴인데 현생종은 대만에 서식한다. 일본에는 서식하지 않아서 당연히 뼈를 주울 수도 없다. 뼈 화석에 아기사슴의 뼈도 섞여 있을 가능성이 있지만 본 적이 없는 동물의 뼈의 정체를 밝히기는 어렵다. 이를 어쩐다.

한참을 고민하다가 방법이 떠올랐다. 나에게는 뼈 친구들이 몇 명



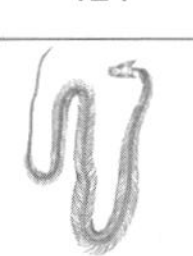

있다. 그중에 한 사람이 하타세다.

하타세는 동물원에 근무하는데, 우리 집에 놀러 와 갑자기 뼈 한 자루를 꺼내며 "이거 무슨 동물일 것 같아요?"라고 웃으며 퀴즈를 내는 그런 사람이다.

그때 그 뼈는 바다사자의 손가락뼈였다. 그것을 누가 맞히겠는가! 근처 수족관에서 사육하던 바다사자가 죽어서 전신 골격 표본을 만들고 있다고 했다. 하타세는 동물원 사육사이면서 이렇게 종종 뼈도 바른다. 작은 동물의 골격 표본을 만들 때 밀웜이 살을 먹게 하는 방법이나 파이프 세정제를 사용하는 방법 등 이것저것 새로운 방법을 늘 고민하는 사람이기도 하다.

한 번은 그가 근무하는 히로시마의 아사 동물원에서 강연을 해 달라는 의뢰를 받은 일이 있다. 그때 아기사슴의 뼈를 본 기억이 났다. 하타세에게 부탁한다면 뼈를 잠시 동안 빌려주지 않을까?

바로 답변이 왔다. 개인에게는 빌려줄 수 없지만 교육 목적이라면 학교로는 대여가 가능하다고 했다.

얼마 지나지 않아 산호 학교에 아기사슴의 뼈가 도착했다. 전신 골격이 상자에 들어 있었다. 나는 즉시 뼈 화석과 비교해 보기로 했다.

여기서 잠시 사슴의 다리뼈를 살펴보자.

앞다리는 어깨뼈와 이어져서 다음 뼈들과 맞춰진다. 우선 위팔뼈가 있고, 그다음에 노뼈와 자뼈가 쌍으로 이어져 있다. 그 아래로는 손목뼈라는 작은 뼈들이 있고, 사람으로 치면 손바닥 가운데에 있는 손허리뼈가 이어진다. 그리고 손허리뼈는 손가락뼈와 이어진다.

참고로 돼지의 손허리뼈(앞발허리뼈)는 네 개다. 손가락뼈(앞발가락

# 아기사슴의 뼈

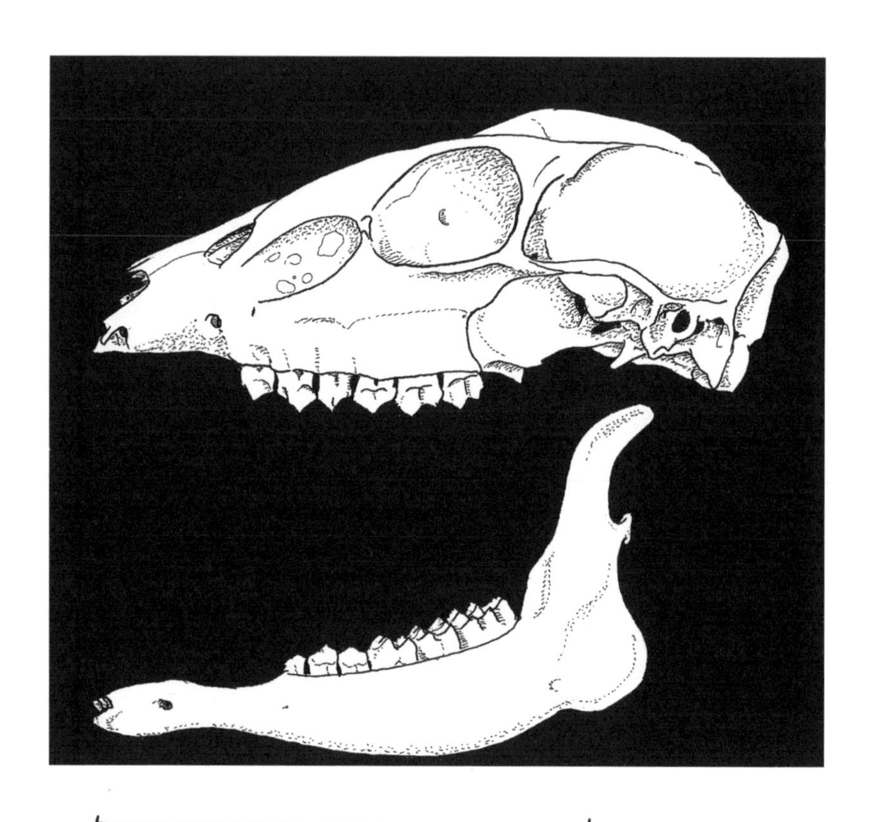

10cm

아기사슴의 머리뼈(암컷)

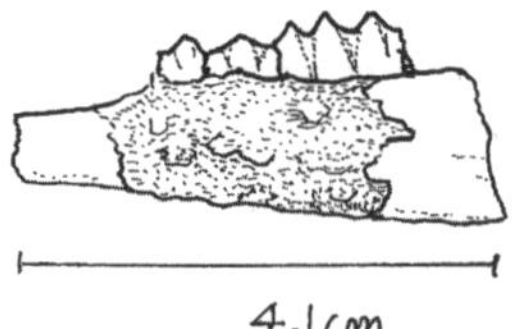


석회암 균열에서 출토된
아기사슴의 화석

뼈)도 그에 해당하는 개수만큼 있다.

한편 사슴은 손가락이 두 개다. 그렇다면 손허리뼈가 두 개냐고 하면 그렇지 않다. 원래는 두 개가 있었지만 완전히 붙어서 겉보기에는 하나로 보인다. 그래서 뼈 가운데를 보면 틈이 있다. 뼈의 조각을 발견했을 때 뼈 가운데에 틈이 있다면 그것은 손허리뼈이거나 발허리뼈다.

이번에는 뒷다리를 살펴보자. 허리뼈에 붙어 있는 것은 넙다리뼈다. 이어서 정강뼈와 종아리뼈가 쌍으로 이어져 있고, 발목뼈라고 하는 작은 뼈들이 아래로 이어진다. 그리고 발허리뼈에서 발가락뼈가 이어져 있다.

기본 구조는 사람이나 사슴이나 똑같다. 그래서 화석에서 발견한 뼈들을 아기사슴의 진짜 뼈와 비교해 보면 어느 부위의 뼈인지 알 수 있다.

"이건 위팔뼈의 일부야."

"한가운데 틈이 있으니까 이것은 발허리뼈야."

이런 식으로 분류하는데, 같은 부위의 뼈라도 큰 것과 작은 것이 있다. 작은 쪽이 아기사슴의 뼈고 큰 것이 사슴의 뼈일 것이다. 양쪽 모두 조각뿐이라서 수치로 비교하는 것이 어렵지만 손허리뼈를 예로 한번 살펴보자.

하타세가 보내 준 아기사슴의 손허리뼈는 길이가 66밀리미터고 아래쪽의 폭은 14밀리미터였다. 아기사슴의 뼈 화석은 길이가 56밀리미터, 아래쪽의 폭은 16밀리미터다. 뼈 화석이 더 굵고 짧다.

한편 사슴의 손허리뼈 화석은 조각 난 것이라서 전체 길이는 알 수 없고 아래쪽의 폭은 26밀리미터다.

이렇게 눈앞에 놓고 직접 비교해 보니 더더욱 사슴 뼈를 손에 넣고 싶어졌다.

이럴 때 도움을 준 건 겐타였다. 산호 학교에는 오키나와뿐 아니라 각지에서 온 학생들이 모여 있었다. 겐타는 야쿠섬 출신이다. 이 섬에는 야쿠사슴이 서식하고 있다.

"사슴 뼈를 손에 넣을 방법이 없나……."

겐타는 내가 중얼대는 소리를 우연히 듣고 고향 집에 갔을 때 아버지에게 그 말을 전한 모양이었다.

"들개에게 습격당해 죽은 사슴을 찾았어요."

겐타가 연락을 한 뒤 한참이 지나서 택배가 도착했다.

신문지에 싸인 사슴의 다리가 들어 있었는데, 뼈에 살과 근육이 말라붙어 있었다. 그렇게 열망하던 사슴의 다리뼈를 드디어 손에 넣은 것이다.

손허리뼈의 아랫부분 폭은 24밀리미터, 전체 길이는 130밀리미터였다. 역시 사슴은 아기사슴보다 많이 크다.

사슴 뼈 화석과 야쿠사슴의 뼈를 비교해 보았다. 같은 사슴이라도 종이 다르니 뼈의 형태가 미묘하게 달랐다. 몇 개의 조각으로 길이를 예측해서 정리해 보았다.

위팔뼈 아래쪽의 폭

: 사슴 화석 29밀리미터, 야쿠사슴 30밀리미터

자뼈의 가장 폭이 넓은 부분

# 사슴의 다리뼈

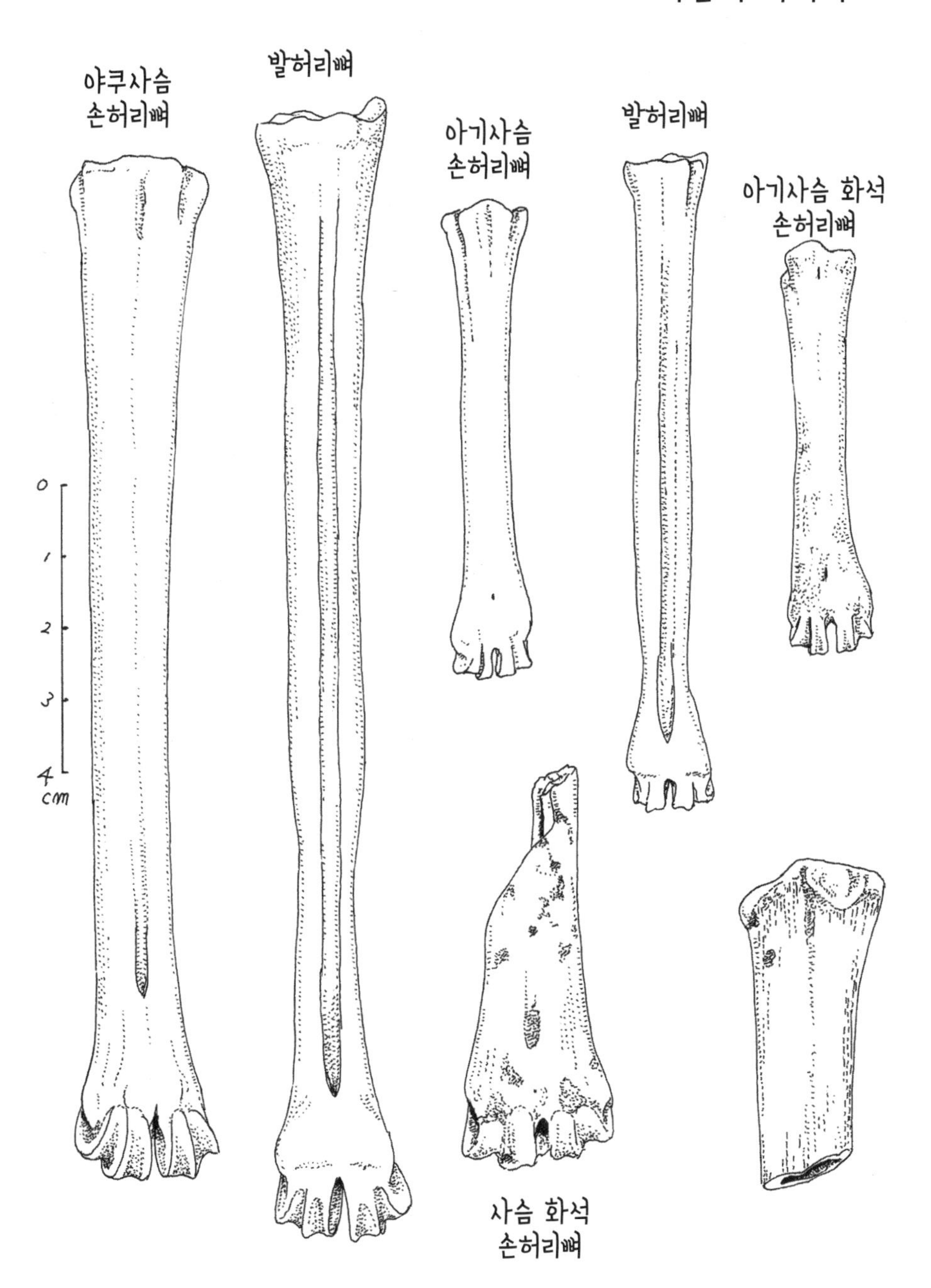

: 사슴 화석 29밀리미터, 야쿠사슴 28밀리미터

노뼈 위쪽의 폭

: 사슴 화석 30밀리미터, 야쿠사슴 30밀리미터

손허리뼈 위쪽의 폭

: 사슴 화석 23밀리미터, 야쿠사슴 24밀리미터

사슴 화석은 여러 개체의 뼈가 모인 것이라 정확하게 비교할 수는 없었지만, 그래도 대략 야쿠사슴과 크기가 비슷했다. 일본사슴의 경우 북쪽에서부터 아종인 에조사슴, 혼슈사슴, 쓰시마사슴, 규슈사슴, 야쿠사슴, 게라마사슴으로 분류되기도 한다. 그리고 이 중에서 에조사슴이 가장 크다.

도감에는 다음과 같이 나와 있다.

> 에조사슴은 뿔 길이가 평균 751밀리미터다. 어떤 수컷은 머리와 몸통 길이가 1.5미터에 몸무게는 80킬로그램이 넘는다. 야쿠사슴은 뿔 길이가 255밀리미터에서 330밀리미터이고, 몸무게는 규슈사슴의 평균인 44킬로그램보다 더욱 작다.

겐타의 아버지가 보내 준 사슴의 뿔은 길이가 230밀리미터였으므로 야쿠사슴 중에 아직 어린 개체로 추측된다.

오키나와의 화석에 관한 책에는 사슴 화석의 전체 뿔 길이가 210밀리미터라고 소개되어 있다. 뿔의 크기로 보아 몸집이 야쿠사슴과 비슷하다고 말할 수 있을 것이다.

겐타가 보내 준 사슴 뼈는 생각지 못한 일에도 도움이 되었다.

"뼈를 주웠어요, 선생님!"

무기가 그렇게 말하며 나에게 다가왔다. 손에 든 봉지 안을 들여다보니, 물고기 척추뼈와 염소 뿔이 들어 있었다.

토요일, 산호 학교의 학생들과 도카시키섬 바닷가로 뼈를 주우러 나왔을 때였다.

"이거 뭐예요?"

이번에는 조금 떨어진 곳에서 키카가 뼈를 머리 위로 번쩍 쳐들고 외쳤다.

"염소 아래턱이야."

나도 큰 소리로 대답했다.

"헉! 내가 찾았어야 하는데."

옆에 있던 아쓰시가 분하다는 듯 중얼거렸다.

아쓰시는 염소 머리뼈를 세 개나 주워서 봉지에 들고 다녔지만 아직 아래턱 뼈를 찾지 못하고 있었다.

조개나 씨앗, 작은 유리병 등 각기 다른 개성만큼이나 학생들이 주워 오는 것도 모두 달랐다. 그런데 주워 오는 뼈는 하나같이 물고기 뼈와 염소 뼈뿐이었다.

이번엔 학생들은 두고 나 혼자 아카섬으로 갔다.

도카시키섬 옆이지만 조금 멀어서 나하에서 배를 타고 1시간 반이 걸렸다. 그래서 섬에는 세 시간도 채 머무르지 못했다. 난 서둘러 섬을 돌아보기로 했다.

우선 항구에서 가까운 해안으로 갔다.

떠밀려 온 조개나 씨앗을 살펴보다가 반만 남은 위팔뼈 하나를 발견했다.

"염소 뼈인가?"

난 그냥 지나치려고 했다. 오키나와 해안에는 염소 뼈가 많이 굴러다닌다. 도카시키섬을 돌며 알게 된 사실이다. 하지만 문득 어떤 생각이 떠올랐다.

'아카섬에는 게라마사슴이 서식한다고 했지.'

사슴 뼈를 그렇게 쉽게 발견할 리가 없다고 생각했지만, 혹시나 하는 마음으로 뼈를 주워 가기로 했다.

집에 돌아와 염소와 사슴의 위팔뼈를 비교해 보았다. 제법 비슷했다. 처음에는 좀처럼 차이점이 발견되지 않아 난감했다. 그래도 한참을 뚫어지게 보다 보니 미세한 차이를 깨달았다. 말로 표현하기 어려운 미묘한 차이였다.

위팔뼈 아래쪽 끝에 움푹 파인 곳이 있는데, 파인 모양이 두 개가 달랐다. 정면에서 보면 사슴 뼈는 사다리꼴이고 염소 뼈는 직사각형 모양이었다. 옆에서 보면 사슴 뼈는 조금 휘어져 있다. 대략 이런 차이가 있다.

내가 주운 뼈는 사슴의 위팔뼈였다. 비록 반쪽짜리 뼈지만 내가 직접 뼈의 주인을 알아냈다는 사실이 매우 기뻤다. 더구나 아카섬이 속한 게라마 제도에만 있는 동물의 뼈이기도 했다.

오키나와에 사슴 뼈와 염소 뼈를 모두 주울 수 있는 장소는 많지 않다. 그러므로 내가 어렵게 알아낸 식별 방법을 쓸 일이 별로 없다고 생각하니 쓴웃음이 났다.

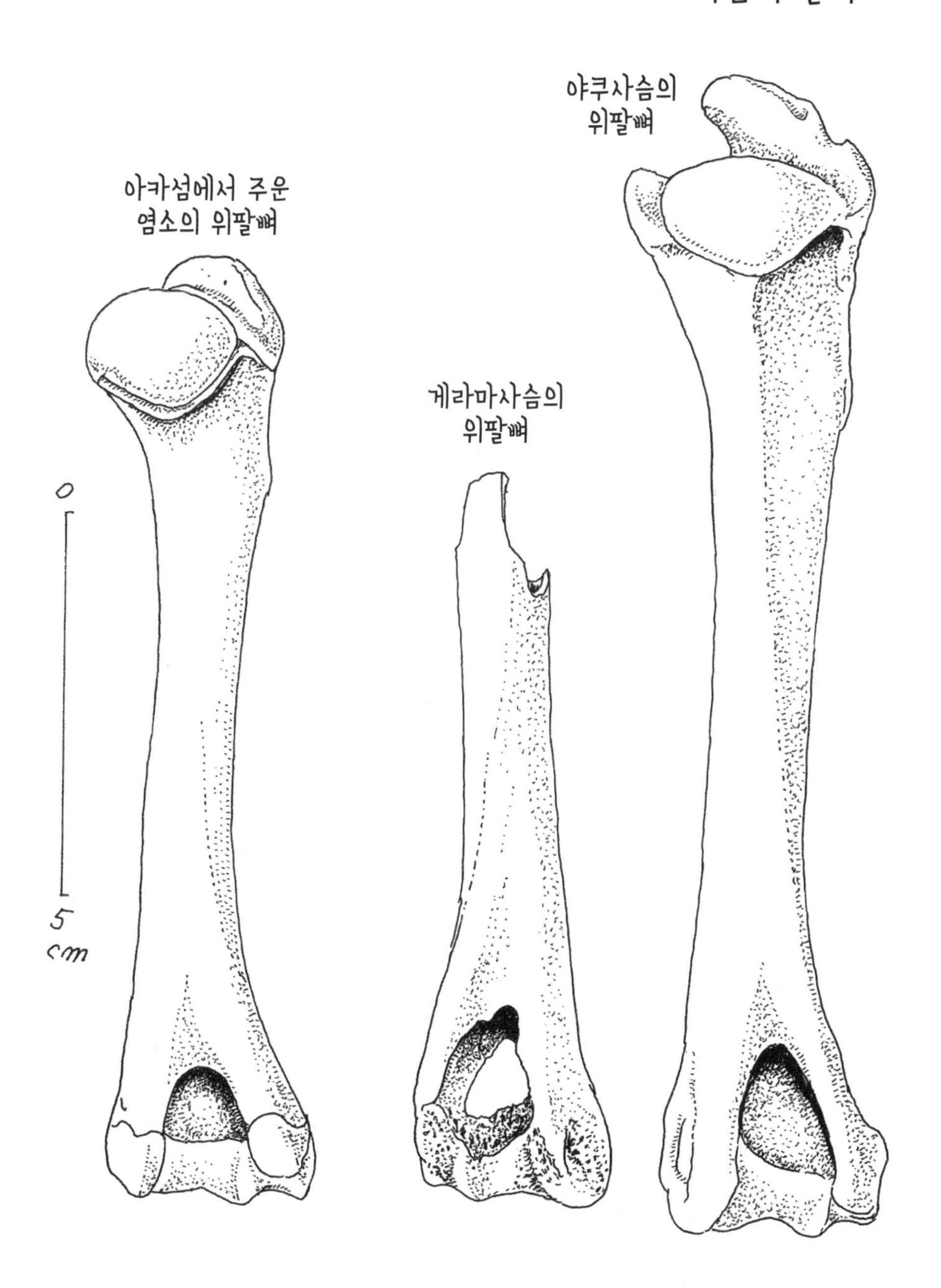
사슴의 팔뼈
야쿠사슴의
위팔뼈
아카섬에서 주운
염소의 위팔뼈
게라마사슴의
위팔뼈
0
5
cm

그런데 어느 날 학교에 갔더니 아주 놀라운 일이 기다리고 있었다. 책상 위에 뼈처럼 보이는 무언가가 놓여 있었다. 긴 시간에 걸쳐 표면이 닳아 있는 희고 기다란 뼈 같은 물건이었다.

"이게 뭐야?"

"나비 씨가 기숙사 앞 바닷가에 떠다니는 걸 주웠다고 놓고 갔어."

나비 씨는 학교 기숙사 사감으로, 평소 술을 무척 좋아한다. 그런 나비 씨가 바텐의 바닷가에서 이 '뼈'를 주워 왔다고 했다.

들어 올려 보니 뼈는 아니었다. 뼈는 속이 비어 있는데 이것은 속까지 꽉 차 있었다. 하지만 구부러진 모양을 보니 짐작 가는 것이 있었다. 바로 사슴뿔이다.

"이렇게 구부러진 뼈는 없어."

호시노도 그렇게 말했다.

오키나와섬에는 사슴이 없다. 그렇다면 사슴의 화석일까? 석회암 균열이 주로 바닷가에 있기 때문에 거기서 흘러온 것일 수도 있다.

집으로 가져와서 자세히 관찰해 보았다. 가지고 있던 사슴뿔과 비교해 보니 역시 구부러진 정도가 똑같았다. 끝이 두 갈래로 갈라질 것처럼 보이는 것도 특징이었다.

그런데 이때 내가 비교한 건 에조사슴의 뿔이었다. 에조사슴의 뿔치고는 작지만 그래도 전체 길이가 55센티미터나 된다. 나비 씨가 주워다 준 뿔을 에조사슴의 뿔에 대 보니, 가지가 맨 처음 갈라지는 부분부터 두 번째로 갈라지는 부분까지 딱 들어맞았다. 길이는 대략 28센티미터였다. 내가 가진 에조사슴의 뿔에서 나비 씨가 가져온 뿔과 겹치는 부분의 길이는 23센티미터 정도이다.

그렇다면 나비 씨가 주워 온 뿔은 전체 길이가 70센티미터 정도 된다는 얘기다. 사슴 화석치고는 너무 크다.

그렇다면 이것은 대체 무엇일까?

지금까지도 이 뿔의 정체는 수수께끼로 남아 있다.

이렇게 석회암 균열 속의 뼈들을 알고 나서부터 난 지금까지 보지 못했던 뼈들을 만나고 있다.

과거 생물들의 뼈와 현존하는 생물들의 뼈. 석회암 균열을 서성이며 새로운 뼈들을 만난다. 생각지도 못한 만남이 기다리기도 한다.

오키나와에 온 후 처음 의도와는 다르게 더욱 뼈에 매달리게 되었다는 사실을 문득 깨닫는다.

## 수수께끼의 뿔

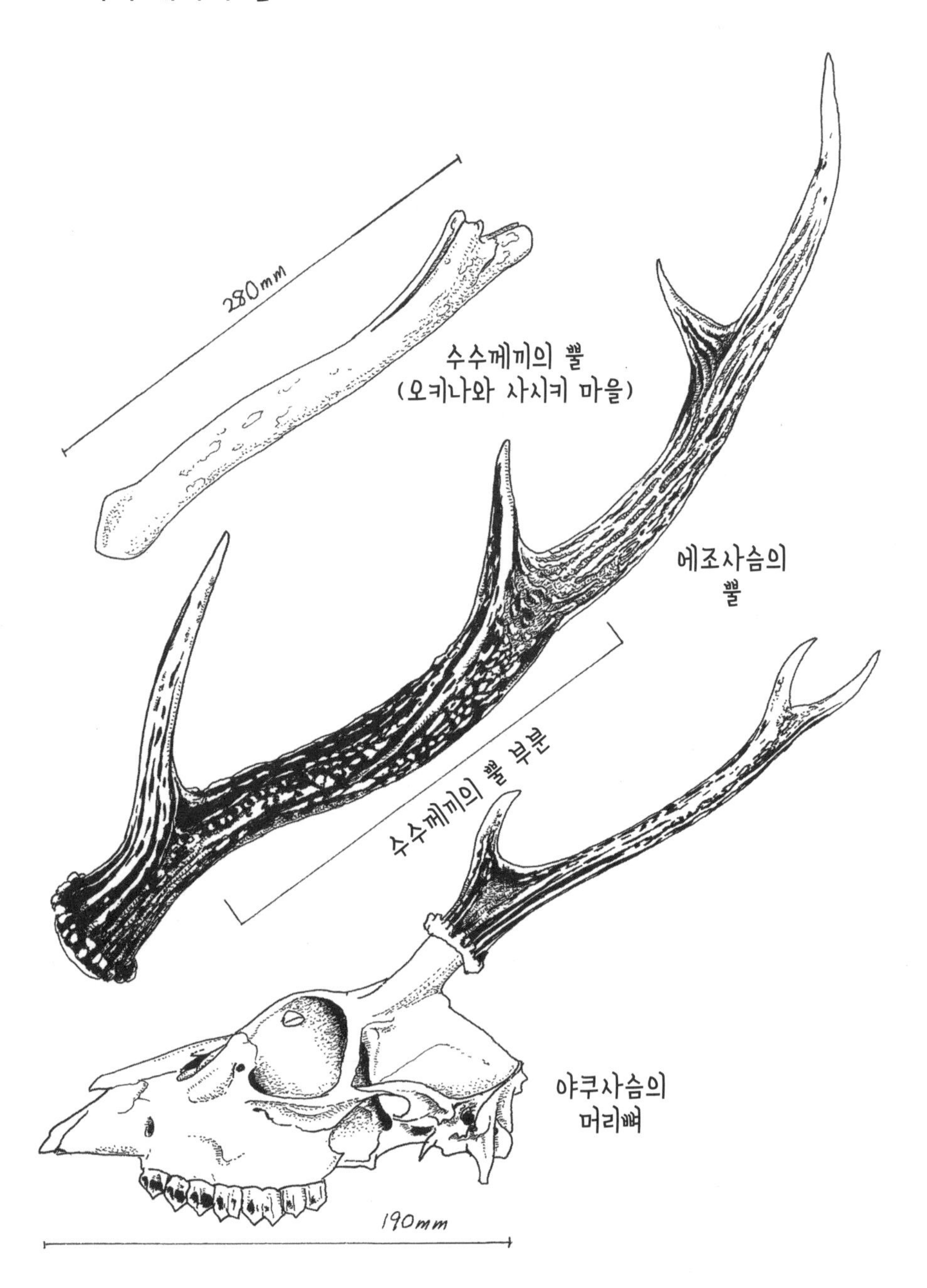

# 3

# 배낭 속의 뼈

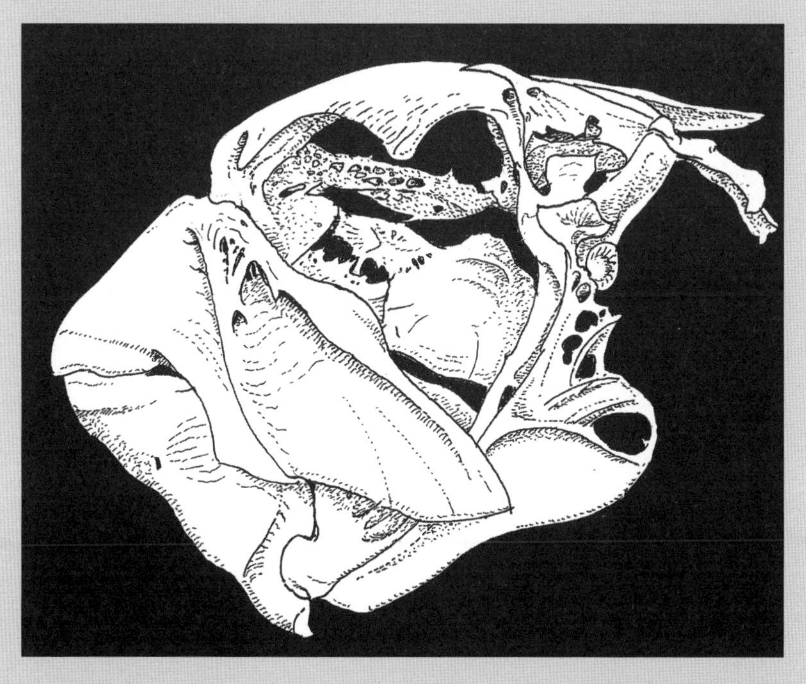

리투로가시복(120㎜)

# 냄비의 뼈
## — 큰박쥐

산호 학교에는 개성 넘치는 선생님들이 많다. 그중에 영어 회화 선생님인 겐은 나와 동갑내기로, 오랫동안 해외 봉사 활동을 해 와서 영어와 네팔어를 유창하게 말할 수 있다. 요리부터 목수 일까지 솜씨 좋게 해내어 학교 관리도 맡고 있다. 그런데 늘 숙취에 시달린다. 겐과 함께 술을 마시면 중간에 도망쳐야 집에 갈 수 있다.

어느 날 겐에게서 전화가 걸려 왔다.

“집 근처에서 박쥐를 주웠는데 줄까?”

“음, 갖고 싶긴 한데 썩기 전에 받을 수 있을까?”

더운 날씨였고, 오키나와에서는 동물 사체가 눈 깜짝할 사이에 썩는다. 가능하면 아이스박스에 얼음을 넣어 보관해 주면 좋겠다고 생각했다.

“괜찮다면 집 냉동실에 넣어 둘 수 있어?”

그 말이 끝나자마자 겐의 등 뒤에서 “절대로 안 돼!”라고 외치는 딸들의 목소리가 들려왔다.

저녁에 겐의 집으로 박쥐를 받으러 갔다. 박쥐의 상태를 직접 보니 걱정할 필요가 없었다. 겐이 주운 박쥐는 거의 말라비틀어진 미라였다. 냄새가 심했지만 더 이상 썩을 것도 없는 상태였다. 박쥐는 비닐봉지에 담겨 문고리에 대롱대롱 걸려 있었다.

그날 저녁 술자리가 벌어졌고, 아니나 다를까, 나는 집에 돌아올 수 없었다.

오키나와 사람들이 흔히 떠올리는 '박쥐'는 본토에서 생각하는 박쥐와 다르다. 본토에서는 집 덧문에 거꾸로 매달려 있는 작은 집박쥐를 떠올릴 것이다. 하지만 오키나와에는 큰박쥐가 대부분이라, 날개를 펼치고 나는 모습을 보면 흡사 까마귀를 연상시킨다.

'과일박쥐'라고도 불리는 큰박쥐는 과일이나 꽃에서 나오는 꿀을 먹고 산다. 내가 사는 나하에서도 밤이 되면 큰박쥐가 건물 위를 날아가기도 한다.

오키나와에 사는 큰박쥐는 류큐큰박쥐라는 종류인데, 지역에 따라 다시 여러 갈래로 나뉜다. 야쿠섬 옆에 있는 구치노에라부섬과 도카라 열도에 서식하는 것은 에라부큰박쥐다. 오키나와섬에 서식하는 것은 오리이큰박쥐, 야에야마섬에 사는 것이 야에야마큰박쥐다. 그리고 다이토섬에는 다이토큰박쥐가 산다. 다이토큰박쥐는 개체 수가 적어 천연기념물로 지정되어 있다. 다이토큰박쥐는 다른 박쥐들과 달리 새하얗고 얼굴이 판다와 비슷하게 생겨 귀여워 보인다.

겐이 주워다 준 것은 오키나와에서 서식하는 오리이큰박쥐였다.

상태가 상태인지라 비닐봉지째로 한참 동안 집 베란다에 방치해 두었다. 뼈를 발라야겠다고 마음먹은 건 몇 달이 지나서였다. 냄새가 나는 것 같아서 베란다에 화로를 놓고 냄비에 넣어 삶았다.

겐이 주워 온 큰박쥐가 왜 죽었는지 원인은 알 수 없었다. 단, 큰박쥐가 때때로 교통사고를 당한다는 건 알고 있었다.

한 번은 요기와 함께 얀바루로 놀러 가다가 사고를 당한 박쥐를 주웠다. 인삼벤자민나무의 열매를 입에 물고 있는 걸 보니 밥을 먹다가 죽은 것 같았다. 아마 근처 나무에서 열매를 물고 날아가다가, 트럭처럼 차고가 높은 차에 부딪혔을 것이다.

또 한 번은 지인이 사고를 당한 박쥐 사체를 주워다 준 적도 있다. 대학교 근처에서 주웠다고 했다. 대학이나 공원에는 과일나무를 많이 심기 때문에 도심에 사는 큰박쥐가 좋아할 만한 먹이가 많다.

이 큰박쥐는 능구렁이와 마찬가지로 학교에서 해부를 했다.

산호 학교에는 해부 동아리가 있다. 어차피 소수 정예 학교이므로 학교 행사를 하든 동아리 활동을 하든 각자 맡은 역할에 충실하면 된다. 그러므로 해부 동아리도 그렇게 활발하게 활동하지는 않는다. 또한 사체를 손에 넣지 않으면 활동할 수도 없다.

처음 말을 꺼낸 사람은 가오리였다. 개교한 지 2년이 되면서 학생 수도 스무 명 정도가 됐을 때였다.

"동아리 활동을 하고 싶어요."

학생들이 그렇게 말하기 시작해서 먼저 댄스 동아리가 생겼다. 그것을 본 가오리가 나에게 말했다.

"우리도 동아리 하나 만들어요."

"해부 동아리나 만들까?"

난 농담 삼아 말했다.

큰박쥐(과일박쥐)

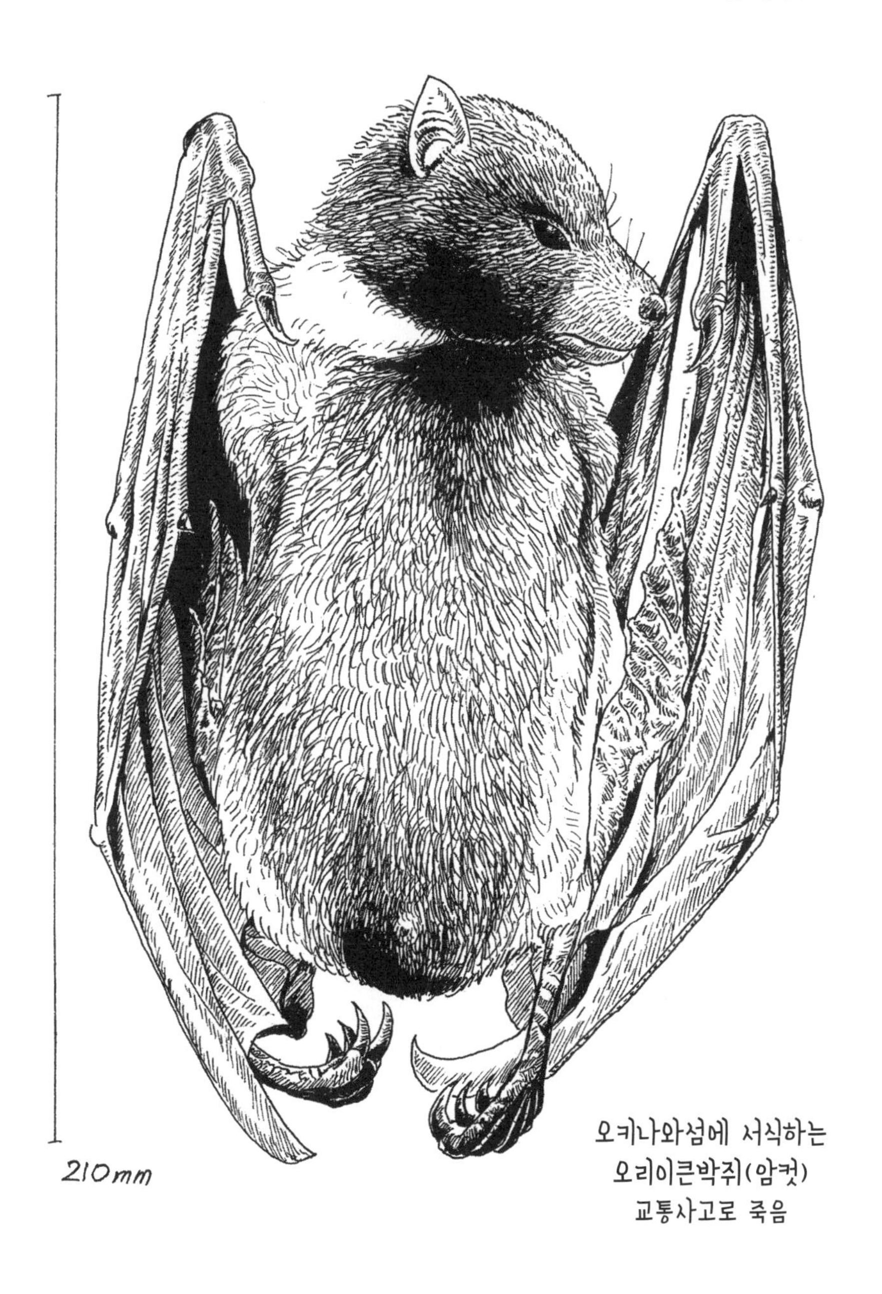


오키나와섬에 서식하는
오리이큰박쥐(암컷)
교통사고로 죽음

맙소사, 아이들이 즉시 찬성했다.

'알림! 해부 동아리 첫 모임을 엽니다. 큰박쥐를 해부합니다!'

복도에 이런 포스터가 붙었다.

회원이 정해져 있는 것은 아니고, 시간이 되고 관심이 있으면 그날그날 참석하는 방식이었다.

모임 시간이 되어 아이들이 모이자 먼저 녹여 둔 큰박쥐를 만져 보는 시간을 가졌다.

"날개에도 혈관이 있네요."

미오가 박쥐 날개를 펼치며 말했다.

다른 학생들도 손으로 날개를 만져 보며 감촉을 느껴 보았다.

"이거 날개예요, 손이에요?"

구미코가 물었다.

그건 뼈를 살펴보면 알 수 있다.

큰박쥐로 전신 골격 표본을 만든 적이 있다. 아무래도 손재주가 없다 보니 가느다란 뼈를 짜 맞출 자신이 없었고, 그래서 폴리덴트법을 사용했다. 그렇게 하면 힘줄은 남아서 뼈가 흩어지지 않기 때문이다.

큰박쥐처럼 큰 동물은 폴리덴트법으로도 좀처럼 살이 녹아내리지 않는다. 고약한 냄새를 슬슬 풍기기 시작할 즈음 어떻게든 뼈를 다 발라낼 수 있었다. 이때 머리만은 떼어 내서 따로 삶았다. 머리뼈는 짜 맞출 필요 없이 통째로 두고 뇌를 긁어내는 편이 낫기 때문이다. 그리고 이렇게 하는 게 휴대하기도 편리하다.

우선 척추에 철사를 통과시켜 그 철사로 머리뼈를 걸었다. 그리고 한쪽 팔은 접힌 모양으로 두고 다른 한쪽 팔은 몸에서 떼어 냈다. 이렇게 하면 날개뼈를 잘 살펴볼 수 있다.

오야마 초등학교에서 반마다 이 박쥐 골격을 보여 주었다.

여기서 구미코의 질문에 대답하자면, 박쥐 날개는 사람으로 말하면 팔에 해당한다. 그러므로 역시 손가락이 있다. 초등학생들에게 박쥐는 손가락이 몇 개일 것 같은지 물어보았다. 그 결과를 다른 데이터와 합쳐 보니 다음과 같았다.

한 개 – 39명

두 개 – 57명

세 개 – 211명

네 개 – 103명

다섯 개 – 110명

여섯 개 – 7명

일곱 개 – 2명

총 529명

"이게 큰박쥐의 뼈야."

나는 보관 용기에서 뼈를 꺼내어 초등학생들에게 보여 주었다. 한쪽 날개는 몸에서 떼어 냈으므로 알기 쉽도록 손가락을 펼쳐서 보여 줄 수 있었다.

"하나, 둘, 셋, 넷…… 다섯 개가 있어."

큰박쥐의 날개에 달린 손가락은 사람과 마찬가지로 다섯 개다. 손가락이 매우 길어서 그 사이에 막을 치고 펼쳐서 하늘을 난다.

"사람 같아요!"

박쥐 뼈를 보여 주면 아이들은 이렇게 말을 한다. 아이들의 말을 듣고 그제야 나도 실감했다.

철사로 박쥐의 몸과 머리를 고정시켜 두었기 때문에 머리를 위쪽으로 해서 아이들에게 보여 주었다. 평소 거꾸로 매달려 있는 박쥐의 모습과 반대로 똑바로 서 있는 모습이다. 박쥐 골격을 이렇게 거꾸로 하면 전체 모습이 꼭 사람 같다.

생각해 보면 포유류는 대부분 다리가 네 개지만, 박쥐는 늘 두 발로 서 있다. 위아래를 반대로 뒤집으면 박쥐는 사람의 모습과 같아진다. 박쥐의 입장에서는 그 반대가 될 테지만.

"엄지손가락은 어디에 쓰일까?"

"둘째손가락에도 손톱이 있어."

"뒤에서 보면 팔꿈치에도 털이 자라 있어."

"손가락 관절이 사람과 비슷해."

산호 학교에서도 박쥐 실물을 앞에 놓고 학생들은 다양한 감상들을 쏟아 냈다.

"새끼는 어떻게 낳아요?"

"크기가 얼마나 돼요?"

"수명은 몇 년이에요?"

질문이 끝도 없이 나온다.

눈앞에서 확실히 볼 수 있다면 자연스레 궁금증이 생긴다. 그래서 나는 언제나 수업에서 학생들의 의견이나 질문을 끌어내려고 최선을 다한다.

"작은 박쥐는 벌레를 먹어요?"

"어? 피는 빨지 않아요?"

"세상에서 가장 작은 박쥐는 얼마나 작아요?"

질문이 끊임없이 쏟아진다.

드디어 해부가 시작되고 박쥐의 가죽을 벗겼다. 해부 동아리의 반장 가오리가 집도를 맡았다.

"이건 근육이에요?"

미오가 박쥐의 가슴 부분을 만지며 물었다.

하늘을 나는 박쥐는 새와 마찬가지로 팔 근육이 매우 발달했다.

"정말 근사한 근육인데."

산호 학교 학생들 중 가장 힘이 센 겐타가 이렇게 말하자 모두가 웃었다.

배를 열어 보았다. 위가 불룩했다. 위를 절개하니 그 속에 덩어리진 얼음이 보였다. 냉동실에 오랫동안 넣어 두었기 때문에 속은 미처 녹지 않았던 것이다.

그렇다고 해도 음식물 덩어리는 눈에 띄지 않았다. 큰박쥐는 주로 과일을 먹는데, 그때 입 속에서 과일을 짜서 과즙만 삼킨다. 위 속 내용물은 과즙 백 퍼센트였다. 건더기를 섭취하지 않는 이유는 몸을 가볍게 하기 위해서일 것이다.

박쥐가 먹이를 먹는 모습을 관찰하다 보면 소변을 보는 모습도 자주 보게 된다. 소변을 볼 때는 엄지손가락으로 나뭇가지를 잡고 박쥐 입장에서는 거꾸로 서서, 즉 직립하여 볼일을 본다. 평소대로 나무에 매달려 소변을 보면 몸이 다 젖기 때문이다. 과일을 다 먹으면 과

큰박쥐의 골격

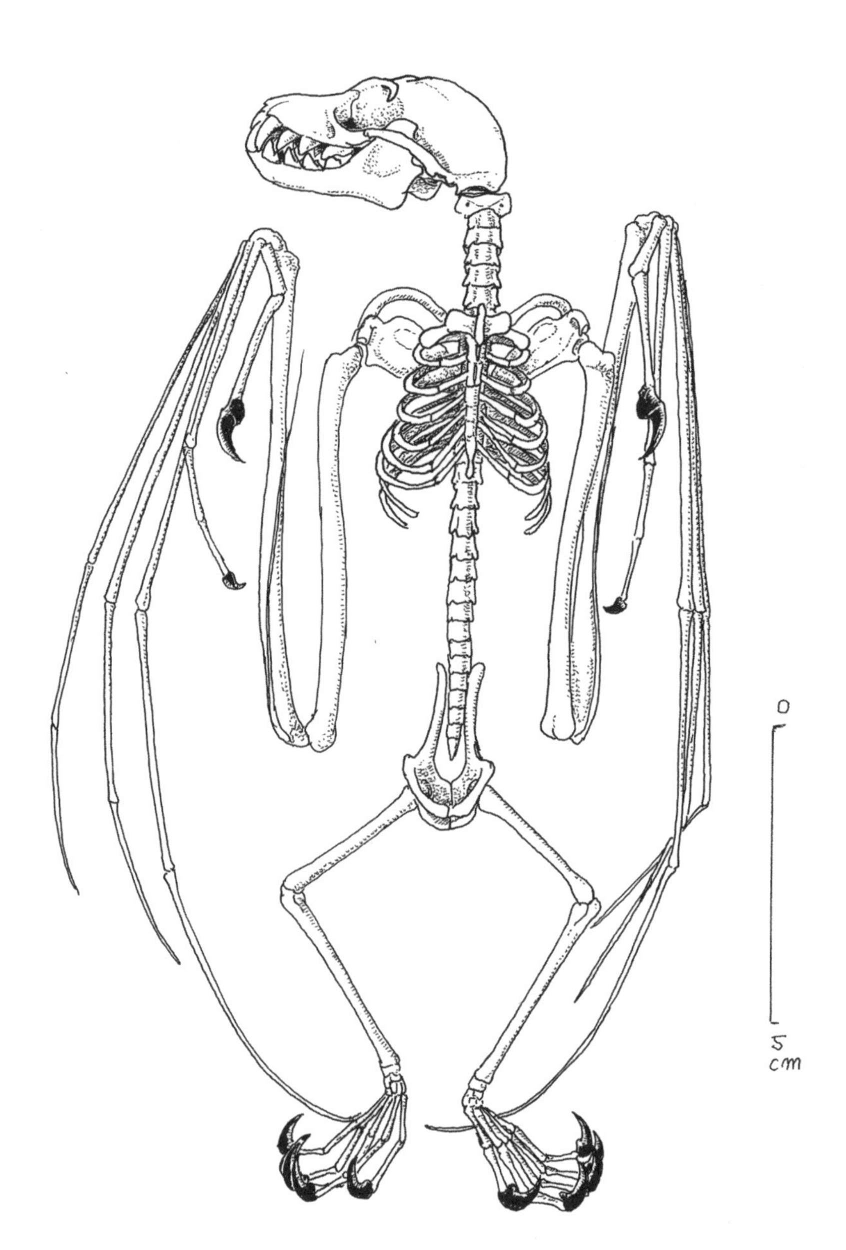

육은 다 토해 낸다. 박쥐가 열매를 먹고 난 인삼벤자민나무나 복나무 아래에 낮에 가 보면 펠릿을 볼 수 있는데, 길이가 1.5센티미터 정도이다.

입 속에서 과일을 으깨어 먹으므로 큰박쥐는 혀가 크다. 아직 덜 익어 파랗고 딱딱한 복숭아 열매도 으깨어 먹을 수 있다. 과일을 먹고 살지만 이빨은 튼튼하다.

"길이는 116.5센티미터."

유지가 장을 펴서 줄자로 길이를 측정했다. 곤충을 먹는 박쥐는 해부한 적이 없으므로 장의 길이가 식성에 따라서 다른지 어떤지는 아직 잘 모르겠다.

이렇게 해부를 끝낸 박쥐는 익혀서 골격을 짜기로 했다. 하지만 첫날은 시간이 없어서 다음 주로 미뤄야 했다.

다음 주가 되자 냉동해 두었던 큰박쥐를 꺼내 학교에 있는 가스레인지에서 낮부터 삶기 시작했다.

"아휴, 지독해라. 선생님, 학교에 온통 냄새가 나요."

겐타가 큰박쥐를 삶고 있는 냄비를 보면서 말했다.

"이걸 드시게요?"

사무국장인 엔토모 씨가 지나가며 물었다.

유감스럽게도 먹을 생각은 전혀 없었다.

방과 후 모임 시간에 드디어 뼈 바르기에 돌입했다.

먼저 잘 삶아진 큰박쥐를 신문지 위에 두고 손으로 살을 떼어 냈다. 삶아진 모습이 왠지 기묘했다. 상반신은 근육이 우락부락하지만, 하반신은 넙다리뼈도 짧고 꼬리도 없다. 골격만 보면 사람처럼 보이는데 근육이 붙어 있으니 또 다르게 보인다.

"이번 해부에서 내가 살펴보고 싶은 부분은 성기야. 성기에 뼈가 있을까?"

이 큰박쥐는 수컷이었다.

나는 그렇게 말하고 가위로 성기를 세로로 갈랐다.

"엄청나게 아플 것 같아. 내가 죽은 뒤에 누가 나한테 이런 짓을 한다면 끔찍한데."

겐타가 카메라로 촬영을 하며 그렇게 말해서 모두가 쓴웃음을 지었다.

"포유류는 성기에 뼈가 있는 것과 없는 것이 있어. 그런데 어떤 동물에 뼈가 있고 어떤 동물에 없는지는 나도 아직 잘 몰라."

난 손으로 더듬으면서 뼈를 찾았다.

"개는 있어요?"

아즈가 물었다.

"있어. 개에게는 멋진 뼈가 있지."

"말도 있지 않을까요?"

겐타가 물었다.

"으음, 말은 없는 것 같아."

나는 너구리, 여우, 밍크, 코요테, 라쿤의 성기 뼈를 갖고 있다. 여우의 성기 뼈는 막대 모양에 길이가 5센티미터다. 라쿤은 길이 10센티미터에 뼈 끝이 귀이개처럼 구부러졌다.

나는 초등학생 때 읽은 책 한 권을 떠올렸다. 《원시림의 박쥐》라는 책이었다. 그 책에는 저자가 잘 모르는 종의 박쥐를 발견했는데, 성

## 성기의 뼈(음경뼈)

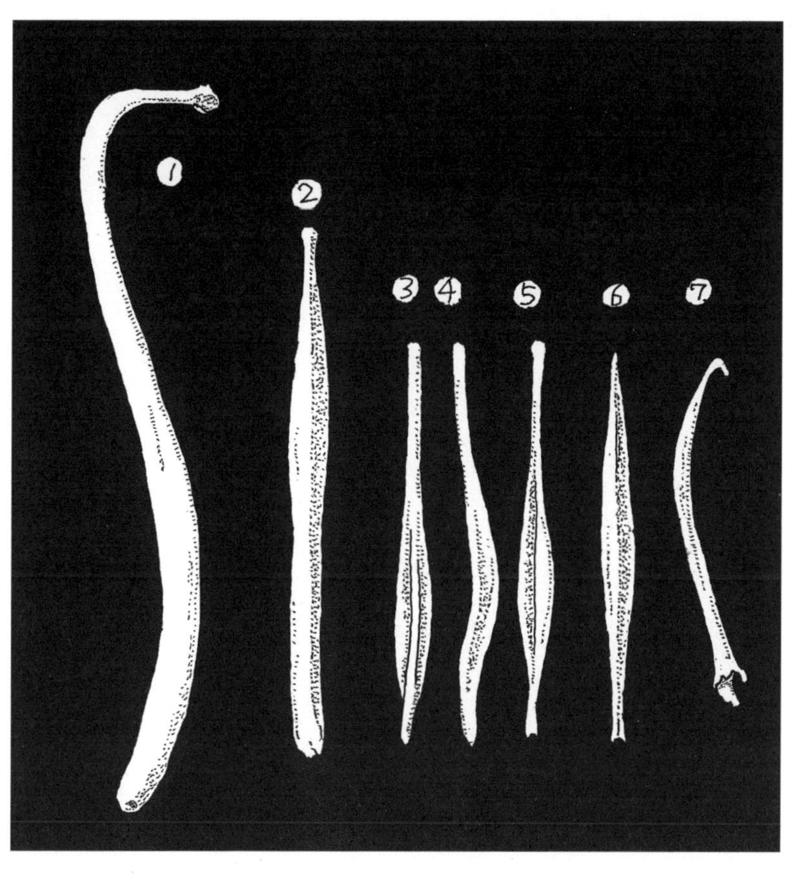


0 1 2 3
cm

① 라쿤　　② 코요테

③~⑤ 너구리　　⑥ 여우

⑦ 밍크

기 뼈를 보고 그 박쥐를 신종이라고 판단하는 대목이 있다. 그 이후로 난 계속 박쥐의 성기 뼈가 궁금했다.

"음, 이건가?"

성기 끝에 딱딱한 것이 있었다. 꺼내니 손톱처럼 생긴 작은 뼈였다. 연골처럼 보이기도 했다. 하지만 큰박쥐는 성기 뼈가 분명히 막대 모양일 텐데. 아무튼 나중에 천천히 살펴보기로 하고 옆에 치워두었다.

이제 근육을 떼어 낼 차례였다.

"발톱이 멋지군. 이거 탐나는데."

겐타가 말했다.

"나는 이빨이 갖고 싶어."

이번에는 아즈가 말했다.

'녀석들, 완벽한 전신 골격을 짜야 해서 너희에게 줄 뼈는 없어.'

하지만 이렇게 뼈를 보며 애정을 보이는 것이 기쁘기는 하다.

마지막으로 다시 한 번 삶아서 폴리덴트에 담가 두었다. 골격 표본을 만들려면 이런 식으로 꾸준히 작업을 해야 한다. 잠시 냉동해 두었다가 여유가 생기면 그때 다시 마무리하기로 했다.

하지만 그날 집에 돌아와서 엄청난 실수를 저지르고 말았다. 살을 버리면서 어렵사리 손에 넣은 성기 뼈를 실수로 함께 버린 것이다.

큰박쥐를 또다시 주워 와야 한다.

다른 날, 또 다른 큰박쥐를 학교에서 삶고 있었다.

"조금 전에 구수한 냄새가 풀풀 나길래 뭘 끓이나 냄비를 열어 봤

더니 박쥐잖아요."

키카가 웃으며 말했다.

마침 등교하던 아쓰시는 학교에 떠다니는 냄새에 코를 찡그렸다.

"오늘 버스에서 멀미했는데."

하지만 그것도 잠시뿐, 당장 냄비에 얼굴을 들이대고 잘 삶아지고 있는 큰박쥐를 멀뚱멀뚱 보기 시작했다.

큰박쥐는 죽은 지 얼마 되지 않았다면 냄새가 거의 나지 않는다. 엔토모 씨가 장난으로 먹을 거냐고 물었지만, 실제로 오키나와에서는 큰박쥐를 먹기도 한다.

한 번은 스기모토가 교통사고를 당한 큰박쥐를 집으로 가져왔다. 앞에서 말한 것처럼 스기모토는 박제를 만들고 남은 것들을 나에게 주곤 한다. 나는 그의 추천으로 큰박쥐의 가슴 부분을 작은 냄비에 삶아서 먹어 보았다. 먹는다고 해도 큰박쥐는 가슴에만 근육이 있어 주로 가슴살을 먹는다. 탕을 끓인다는 표현이 맞을 것이다. 물론 특유의 냄새는 나지만 맛이 그리 나쁘지 않다.

이리오모테섬에 사시는 할머니가 옛날이야기를 들려주었는데, 옛날에는 큰박쥐를 잡아서 탕을 끓여 먹었다고 했다. 자연뿐 아니라 오키나와 사람들의 삶도 시간이 흐르면서 함께 변화하고 있다. 뼈를 주우면서 새롭게 깨닫게 된 것이 그것이다.

오키나와 사람들의 삶과 얽혀 있는 뼈를 본다.

# 유적의 뼈

## — 가축

"선생님! 다케예요. 시간 있으세요?"

뜻밖의 전화가 걸려 왔다.

다케 씨는 사시키 마을의 교육 위원회에서 문화재 보호 위원으로 일한다. 오키나와는 오랫동안 일본 본토와 다른 독자적인 역사를 걸어왔다. 조몬 시대, 야요이 시대, 고분 시대 같은 시대 구분은 일본 본토의 역사를 구분하는 방식이다.

12세기까지 오키나와에서는 '패총 시대'라고 하는 수렵과 채집의 시대가 길게 이어졌다. 12세기에서 15세기는 구스쿠 시대로, 벼농사가 전래되면서 마을이 만들어지고 각 지역의 수장이 구스쿠(성)를 만들어 패권을 다투었다. 그 이후 통일된 류큐 왕조 시대가 시작됐다. 오키나와의 다른 섬들 역시 각기 다른 독자적인 역사를 걸어왔다.

다케 씨의 용건은 사시키 마을의 구스쿠 유적에서 나온 뼈를 감정해 달라는 것이었다. 뼈라는 말을 들으면 그냥 지나칠 수가 없다. 게다가 옛날 사람들이 어떻게 살았는지도 흥미롭다. 나는 당장 사시키 마을로 갔다.

"멧돼지 뼈가 아닐까 추정하고 있어요."

다케 씨는 전화로 그렇게 말했고, 나는 비교를 위해 돼지 다리의 골격 표본과 본토 산 멧돼지 머리뼈를 배낭 안에 쑤셔 넣고 갔다.

안내를 받아 교육 위원회의 어느 사무실로 가니 다케 씨와 함께 시로마 씨가 있었다. 유적 발굴을 담당하고 있는 여성이다. 시로마 씨가 상자에 담긴 뼈를 가져왔다.

그 뼈를 본 순간 난 말문이 막혔다. 뼈가 모두 뿔뿔이 흩어져 있었다. 그리고 생각했던 것보다 여러 가지 뼈가 섞여 있었다. 감정하기가 예상 외로 힘들 것 같았다.

"이건 소의 이빨이에요."

그건 금방 알 수 있었다. 커다란 어금니와 끝부분이 평평하게 부서진 앞니가 있었다.

"이건 언제 적 것인가요?"

시로마 씨에게 물어보았다.

"장소마다 다르지만 13세기에서 18세기 사이의 것으로 보여요."

시로마 씨가 대답했다.

뼈는 뿔뿔이 흩어진 채로 토기 조각과 섞여 출토됐다고 했다. 한참 동안 뼈를 만지작거렸지만 소의 이빨 외에는 어떤 뼈인지 도통 알 수 없었다. 잔뜩 기대했을 다케 씨에게 미안해졌다.

유적에서 나오는 뼈들은 옛날 사람들이 먹고 남긴 것들이다. 소, 돼지, 염소, 말, 닭, 개, 그런 가축들을 생각할 수 있다. 하지만 가축의 뼈는 손에 넣기가 쉽지 않다. 사슴이나 아기사슴의 뼈는 통째로 가지고 있어도 가축 뼈는 일부분밖에 가지고 있지 않다.

소는 어깨뼈만 갖고 있고, 돼지도 머리뼈와 발뼈만 있다. 염소는 머리뼈와 앞다리 뼈를 하나씩 갖고 있다. 닭 뼈는 전혀 없다. 개도 머리뼈 세 개뿐이다.

"자료를 좀 더 모아서 다시 한 번 오겠습니다."

나는 그렇게 말하고 교육 위원회를 나섰다.

소의 이빨이 나온 것으로 보아 소의 다른 부분의 뼈가 섞여 있다는 것은 확실하다. 하지만 어떻게 구별해야 할까. 고민한 끝에 이시가키섬에 사는 지인에게 편지를 보냈다.

그리고 한참이 지나 마사키 씨에게서 전화가 왔다.

"모리구치 선생님? 편지 읽었어요. 근처 목장에서 소가 죽었는데 보러 오세요."

마사키 씨는 겐의 아버지다. 그리고 마사키 씨도 자연을 아주 좋아해서 늘 이시가키섬 여기저기를 돌아다닌다. 이시가키섬에는 목장이 있기 때문에 혹시나 해서 편지를 보내 봤던 것이다.

또 한참이 지나 집으로 택배가 배달되었다. 상자를 열어 보니 소뼈가 들어 있다. 몸 전체는 아니지만 아래턱뼈, 정강뼈, 위팔뼈, 넙다리뼈 등 주요 부위의 뼈는 다 있었다. 이것으로 소에 관해서는 한 걸음 진전이 있었다. 다음은 돼지다.

"돼지 머리뼈를 구할 수 있을까요?"

돼지 발 골격 표본을 보여 준 계기로 친해진 어묵 전문점 주인 미야코 씨에게 부탁했다.

그리고 나서 며칠 뒤 미야코 씨에게서 연락이 왔다.

## 소의 뼈

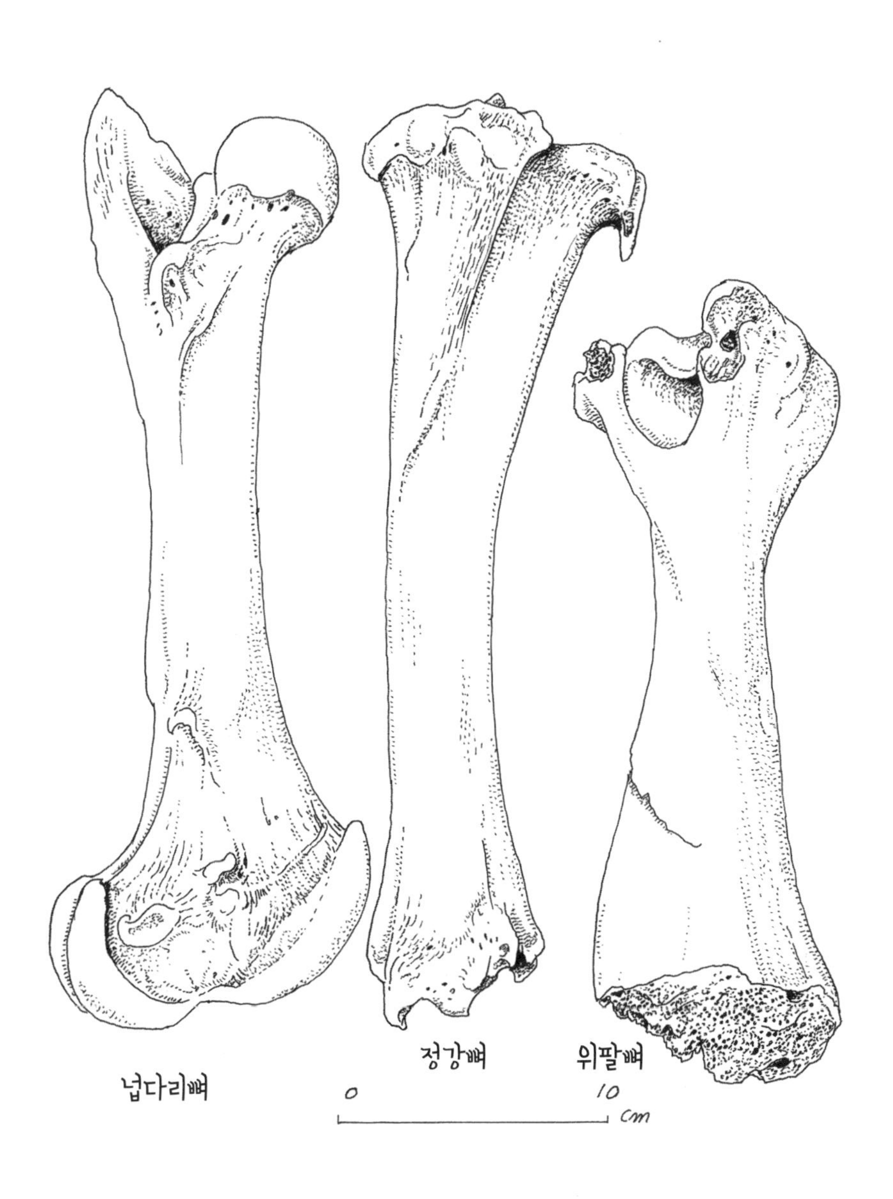

"돼지 머리뼈를 구했어요. 눈동자가 그대로 있어서 좀 무섭네요. 필요하시면 받아 둘게요."

미야코 씨가 재미있다는 듯 말했다.

며칠 뒤 미야코 씨에게서 다시 연락이 왔다.

"지금 시간 있으세요? 시장으로 오실래요?"

미야코 씨가 아는 정육점에 돼지 머리뼈가 있는지 물어봐 준 것이다.

정육점 아주머니는 냉장고에서 비닐봉지에 담긴 돼지 머리뼈를 꺼내며 말했다.

"그냥 가져가세요. 도움이 된다니 기쁘군요."

돼지 머리뼈는 고기를 다 떼어 낸 상태였다. 미야코 씨의 말대로 눈동자가 남아 있었다.

돼지 머리뼈는 공짜로 얻었지만 삶기 위해서 큰 냄비를 사야 했다. 집에 가지고 돌아와 한참을 삶았다. 하지만 너무 익히면 곤란했다. 아직 어린 돼지이므로 머리뼈가 완전히 붙지 않아 푹 삶으면 흩어져 버릴 테니까.

그렇게 해서 완성된 돼지 머리뼈 표본을 감사 인사를 할 겸 어묵 전문점에 보여 주기 위해 가져갔다.

"사진 찍어야겠어요!"

미야코 씨는 사진을 찍으며 재미있어했다. 사진은 지금 어묵 전문점에 붙어 있다.

"이거 충치예요?"

돼지 머리뼈를 보면서 이빨이 검게 변한 부분을 가리키며 미야코 씨가 물었다.

충치가 아니라 물이 들어 시커멓게 변한 것이다. 초식 동물의 이빨에서 흔히 볼 수 있다. 가게 안에 있던 다른 손님들도 이것저것 질문을 했다. 잠시 어묵 전문점이 뼈의 학교가 되었다. 이렇게 만든 돼지 머리뼈는 한동안 현관 신발장 위에 올려 두었다.

어느 날 택배가 와서 문을 열었더니 택배 기사가 신발장 위에 놓인 돼지 머리뼈를 보고 깜짝 놀란다.

"이거 어디서 났어요? 저도 이런 거 좋아하는데 워낙 비싸서 살 수가 없어요."

내가 직접 만들었다고 하자 또 한 번 놀라더니, 돼지 머리뼈라는 말을 듣고 다시 한 번 놀란다.

"이게 돼지 뼈라고요? 돼지머리를 이런 모양으로 만든 거예요?"

처음에는 이 말이 무슨 뜻인지 몰랐다. 알고 보니 택배 기사는 돼지 머리뼈가 둥글다고 생각했기 때문에 그걸 내가 변형시켰다고 생각했던 것이다. 이런 얘기를 주고받은 것이 계기가 되어 나는 초등학교에 돼지 다리뼈뿐 아니라 머리뼈도 가져가게 되었다.

돼지 머리뼈에 얽힌 에피소드가 또 하나 있다.

"선생님, 돼지머리를 주웠는데 어떻게 할까요?"

겐이 느닷없이 전화를 걸어 물었다.

돼지 머리뼈는 이미 하나 갖고 있어서 더 이상은 필요없다고 생각했다. 하지만 학교로 가져가겠다고 해서 어쩔 수 없이 받기로 했다.

다음 날 학교에 가서 몹시 놀랐다. 돼지머리가 날것 그대로 놓여 있었는데, 보통의 돼지머리와 달리 크기가 어마어마했다. 익히려고 냄비에 넣으려는데 도무지 들어가지 않았다. 부엌칼로 살을 떼어 내려고 해도 너무 단단해서 오히려 칼이 튕겨 나갔다. 돼지머리에 살까지 붙어 있으니 크기가 엄청났다.

결국 이 머리는 학교 정원에 묻었고, 반년 후에 파냈다. 그렇게 해서 골격 표본을 만들자 드디어 눈에 익숙한 뼈가 되었다. 분명 내 눈에 문제가 있는 것일 테지만.

머리뼈는 이런 식으로 손에 넣을 수 있었지만 다른 부분의 뼈는 아직 손에 넣지 못했다. 유적에서 나온 뼈의 정체를 밝히는 것을 계기로 돼지의 다른 부위의 뼈도 한번 발라 보기로 했다.

시장으로 가서 정육점을 둘러보니, 한 곳에서 돼지 잡뼈를 팔고 있었다. 어깨뼈, 위팔뼈, 넙다리뼈 따위였다. 그것을 모두 봉지에 담아 달라고 했다. 모두 200엔이었다. 냄비에 한꺼번에 넣고 끓였다. 끓인 국물은 아까우니까 저녁에 국을 끓여 먹었다.

원래는 노뼈나 자뼈 그리고 정강뼈도 갖고 싶었다. 하지만 이것들은 잡뼈로는 팔지 않는다. 앞다리 무릎에서 발까지, 뒷다리 무릎에서 발까지는 살이 붙은 덩어리째로 판다. 그러므로 이 뼈들을 구하려면 다리 하나를 통째로 사야 한다. 가격도 가격이지만 고기를 다 먹을 수 없어서 선뜻 손을 뻗을 수 없었다.

그런데 다리를 사지 않으면 볼 수 없는 뼈가 있다. 복사뼈라고 하는 뒤꿈치에 있는 뼈다. 복사뼈는 정강뼈와 발허리뼈 사이에 있다. 관절에 있는 이 뼈는 도르래를 두 개 겹친 것처럼 생겼다.

사슴의 복사뼈는 길이가 3센티미터, 폭은 2센티미터다. 그리고 몽골에서는 양의 복사뼈를 주사위로 사용해서 가지고 논다고 한다. 손에

# 돼지의 뼈

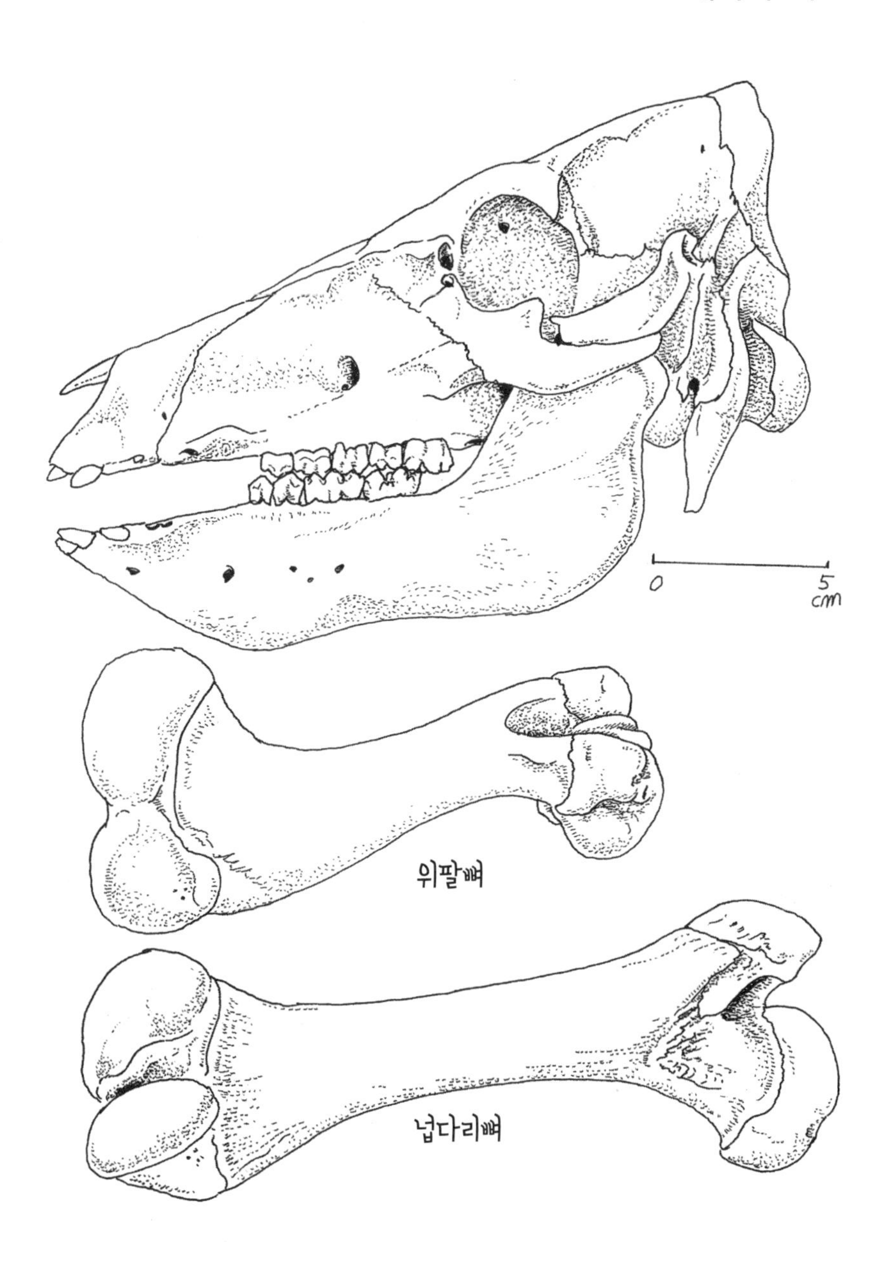

잡기 딱 좋은 크기다. 유적에서도 복사뼈가 하나 발견되었다. 길이가 5.3센티미터, 폭이 3.5센티미터였다. 크기로 보아 돼지의 복사뼈일 거라고 생각하지만 가능하면 실물과 비교하여 확인하고 싶었다.

그런데 유적에서 나온 뼈는 곧 전시할 예정이었고, 그때까지 시간 여유가 없었다. 나는 그동안 모은 소뼈와 돼지 뼈를 들고 다시 교육위원회로 향했다.

"이건 소뼈, 이건 돼지 뼈예요."

"이건 소의 넙다리뼈네요. 그리고 이건……."

이렇게 뼈의 정체를 몇 개는 알아냈다. 그래도 아직 알아내지 못한 뼈가 많았다. 앞으로 가축 뼈를 계속해서 모아야 할 것 같다. 어찌 됐든 돼지 뼈는 나에게 오키나와의 뼈가 얼마나 재미있는지를 가르쳐 주었다.

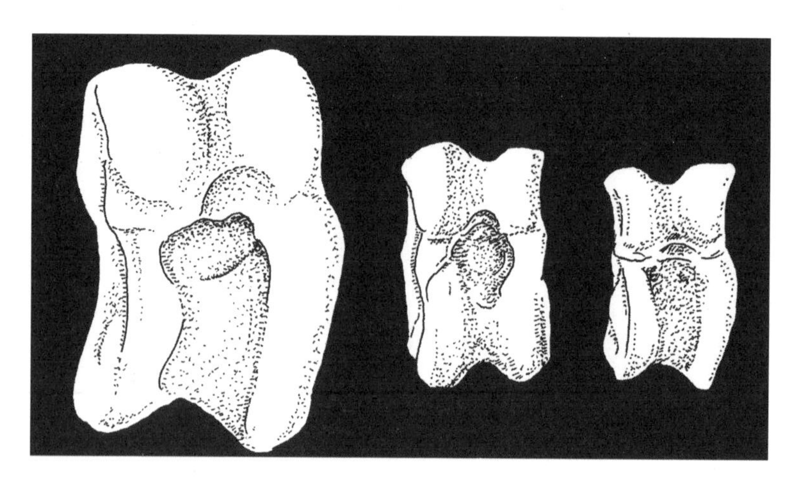

복사뼈

왼쪽부터 유적에서 출토된 것, 사슴, 양

# 식탁 위의 뼈

## — 물고기

썰물이 빠져나간 해변에 드문드문 사람의 그림자가 보인다. 오키나와에서 자주 볼 수 있는 광경이다.

"오키나와 사람들은 썰물이 빠졌을 때 조개 잡는 것을 좋아해요. 옛날 수렵 채집 시대부터 몸에 밴 흔적 같지 않아요?"

스기모토와 이런 대화를 주고받은 적이 있다. 오키나와에는 음력 3월에 썰물이 빠진 개펄에서 조개를 잡고 바닷물로 손발을 적시는 하마우리라는 전통이 있다. 옆집에 사는 호시노와 가까이 사는 엔토모 씨가 개펄에 갔다 오면서 조개를 잡아 왔다며 술자리에 나를 불렀다.

소쿠리에 담겨진 조개들. 오키나와 개펄에서 조개잡이를 하면 본토에서 보던 모시조개나 바지락 같은 조개를 잡을 수 있는 것이 아니다. 작은뿔소라, 개오지, 수정고둥, 거미고둥 등 다양한 고둥류를 잡을 수 있다. 이것을 익혀서 먹는다.

이날은 배를 빌려서 앞바다의 암초까지 조개를 잡으러 갔다고 한다. 그렇게 할 수 있도록 도와준 것이 에이치다. 우리 학교에서는 편하게 형씨라고 부른다.

얼굴에서 항상 웃음이 떠나지 않는 에이치는 오키나와가 고향이다. 에이치는 왕조 시대부터 16대째 이어져 온 오키나와 전통 무늬 공방을 가업으로 이어받아 하고 있다. 폭탄 머리를 하고 표범 무늬 시트를 깐 자동차를 타고 다니는가 하면, 다도 교실에 말쑥한 차림으로 나타나기도 하는 역시나 남다른 청년이다. 산호 학교에서는 공예 수업을 맡고 있으며 낚시광으로 통한다.

단골 술집에서 에이치가 잡아 온 물고기로 함께 술을 마신 적이 있다. 그릇에 담겨 나온 물고기를 보고 순간 놀랐다가 모두들 한바탕 웃었다.

“이건 나비고기 튀김이잖아.”

그릇에는 여러 가지 생선 튀김이 담겨 있었다. 그중에 산호초에서 사는 알록달록한 물고기인 나비고기도 있었던 것이다. 그때까지 나비고기를 먹을 수 있다고는 생각도 하지 못했다. 어떤 물고기든 먹을 수 있구나, 이때 깨달았다.

사시키 마을 유적에서는 물고기 뼈도 여러 개가 나왔다. 오키나와는 섬이다. 옛날부터 사람들은 바다와 얽혀 살아왔다. 하지만 내 손에 들어온 물고기 뼈가 무엇인지 알 수 없었다. 그때까지 오키나와의 물고기 뼈를 유심히 보지 않았기 때문이다. 저녁을 먹을 때도 요리하기 쉬운 육류만 주로 먹었다.

사시키 마을 유적에서 나온 뼈 중에 물고기 턱뼈와 이빨이 몇 개 있었다. 그중에서 비늘돔의 이빨은 바로 알 수 있었다. 비늘돔도 오키나와에서는 인기 있는 식용 물고기다. 수산물 시장에 가면 새파란 비늘돔이 유달리 눈길을 끈다.

비늘돔도 종류가 여러 가지다. 흰반점비늘돔이나 범프헤드비늘돔 등이 있는데 하나같이 입이 앵무새의 부리처럼 생겼다. 유적에서 나온 뼈들 중에도 어떤 비늘돔인지 모르지만 이런 부리가 섞여 있었다.

그런데 본 적이 없는 물고기 이빨이 있었다. 턱뼈에서 뾰족한 이빨 두 개가 불쑥 튀어나와 있었다. 도대체 이것은 무엇일까? 다케 씨도 굉장한 낚시광이지만 이 턱뼈를 손에 놓고 고개를 갸웃거릴 뿐이었다. 우리가 알지 못하는 물고기일까? 그래서 돼지 뼈를 사러 시장에 갔을 때 생선 가게도 둘러보았다.

"손님, 저녁 식사를 하시게요? 위층 식당에서 요리해 드려요."

가게 주인이 나를 관광객이라고 생각했는지 말을 걸었다.

"아, 그건 아니고……."

나는 얼버무렸다. 딱히 어떤 생선을 사려고 온 것은 아니었다. 유적에서 나온 물고기 턱을 머릿속으로 그리면서 오로지 생선 가게에 진열된 생선들을 샅샅이 살펴보았다.

'음, 이렇게 이빨이 많지 않았어.'

'이건가? 하나같이 입을 다물고 있어서 알 수가 없네.'

이런 생각을 하면서 어슬렁거렸다.

새삼 오키나와에서는 이런 생선들을 먹는구나, 생각하며 하나하나 살펴보며 걸었다. 그러다가 어느 가게 앞에 이르렀을 때, 드디어 유적에서 나온 이빨과 똑같이 생긴 이빨을 가진 물고기가 눈에 들어왔다.

"아저씨, 이 물고기 이름이 뭐예요?"

"검은점박이돔입니다."

검은점박이돔은 오키나와에서 고급 생선이라고 책에서 보았는데, 정말로 가격이 너무 비싸서 선뜻 살 수가 없었다.

그렇다면 다른 가게에 생선 서덜(생선의 살을 발라내고 난 나머지 부분으로 뼈, 대가리, 껍질 따위)을 팔지 않을까? 서덜은 값이 그리 비싸지 않을 것이다.

가게 아주머니에게 값을 물었다.

"900엔이에요."

좋았어, 이것을 사야겠다.

"국 끓이시게요?"

"네. 하지만 머리는 그대로 주세요."

그렇게 말하자 아주머니는 살을 발라낸 검은점박이돔의 뼈를 주방칼로 탁탁 토막 내기 시작했다. 요청대로 머리는 그대로 두고.

집에 와서 검은점박이돔으로 국을 끓였다. 확실히 맛있었다. 하지만 내 관심은 맛보다도 뼈다. 뼈에 붙은 살을 빨아 먹은 뒤 위턱뼈와 유적에서 나온 뼈를 비교해 보았다. 똑같이 생겼다.

나는 그 결과를 다케 씨에게 전했다.

"그 물고기 뼈는 검은점박이돔이었어요."

"네? 검은점박이돔이라고요? 검은점박이돔은 자주 먹는데."

다케 씨는 그렇게 말하며 웃었다. 자주 먹는 생선이라도 뼈를 살피면서 먹지는 않는다.

# 물고기 이빨

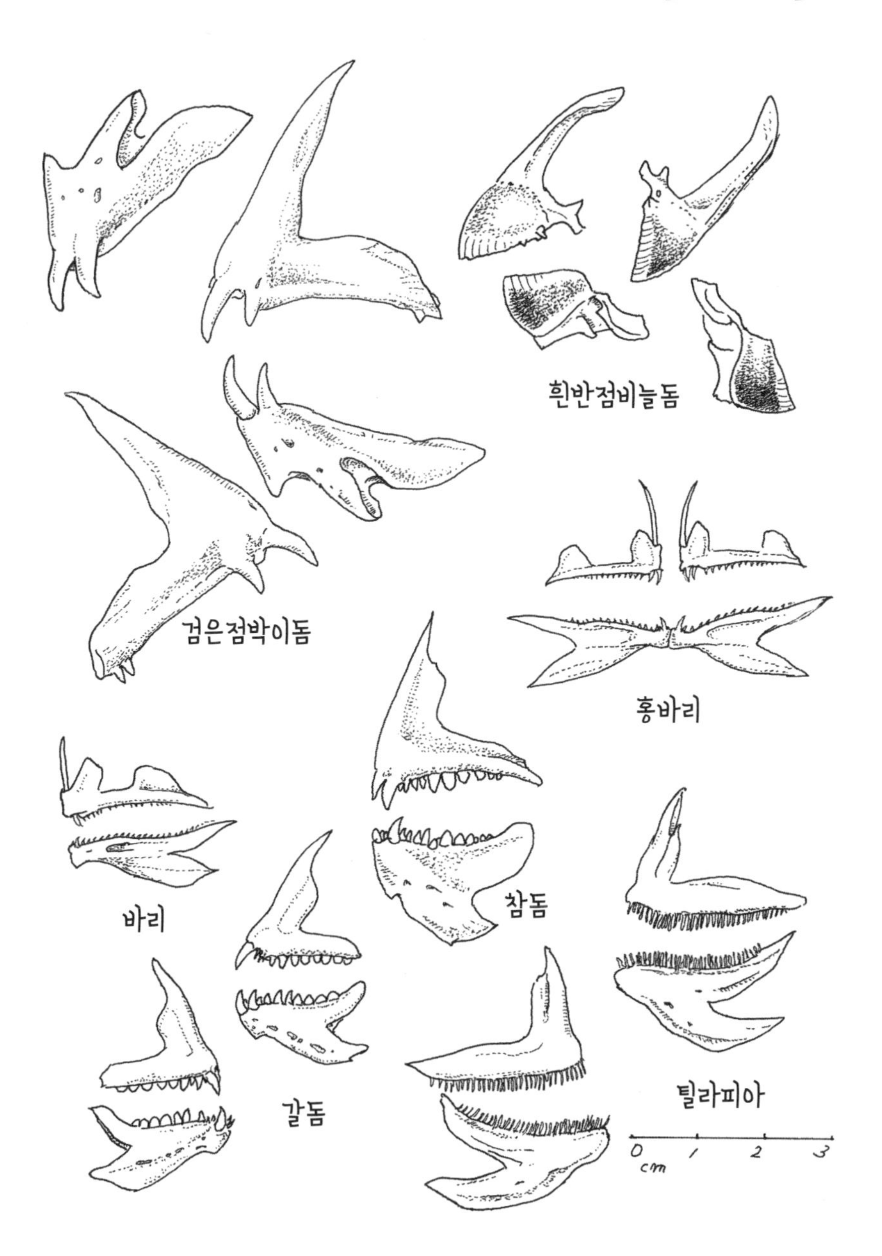

"저녁 식사 때 생선을 더 열심히 먹어야겠어."

유적 뼈를 감정한 것을 계기로 나는 새로운 목표를 세웠고, 얼마 뒤 뜻밖의 일이 또 하나 생겼다. 신문사에 근무하는 지인이 아이들을 대상으로 하는 자연 관찰 특집 기사를 연재하고 싶다는 것이었다.

"전국 어디에서나 쉽게 접할 수 있는 자연을 다루면 좋을 것 같아요."

그가 제안했다.

여러 방면으로 생각해 본 결과, 물고기 뼈를 관찰하는 게 좋겠다는 결론을 내렸다.

"물고기 속 물고기를 주제로 하면 어떨까요?"

지인이 아이디어를 제시했다.

'물고기 속 물고기'라는 것은 물고기의 몸 안에 꼭 물고기처럼 생긴 뼈가 있다는 것이다. 에도 시대의 문헌에 처음 등장한 말인데, 그 대표적인 물고기가 바로 참돔이다.

이 뼈는 지느러미가 이어진 관절에 있다. 가슴지느러미가 붙은 부리뼈와 어깨뼈가 연결된 부분이다. 어깨뼈라고 하면 사람의 경우 팔이 시작되는 뼈다. 부리뼈라는 것은 무엇일까? 책을 찾아보니 사람 몸에서는 어깨뼈의 일부가 되어 부리돌기로 나타난다고 나온다. 즉 사람의 어깨뼈는 물고기 지느러미가 붙은 관절의 뼈에 해당한다.

"역시 도미가 좋겠어요. 어디서든 쉽게 구할 수 있으니까요."

지인은 그렇게 말했다.

그 말을 듣고 잠시 망설였다. 오키나와에서 비늘돔이나 검은점박이돔은 먹지만 도미도 먹을까? 물고기 입을 관찰하러 시장에 갔을 때

본 기억이 없다.

그런데 수산물 시장을 둘러보니 오키나와에서 양식하는 도미를 팔고 있었다. 오키나와에서는 옛날부터 도미를 먹었을까?

도미의 서덜을 싼값에 사 와서 바로 끓였다. 오늘 저녁밥은 맑은 도미 국이다. 지느러미를 따라 관절 뼈를 꺼내 보니 정말로 물고기처럼 생긴 뼈가 나왔다. '물고기 속 물고기'에 대한 이야기는 많이 들었지만 내 손으로 직접 찾아낸 건 처음이었다.

정말 있다는 걸 확인하고 나니 다른 물고기에서도 찾고 싶어졌다. 그러고 보니 냉동실 한구석에 줄곧 자리를 차지하고 있는 물고기가 생각났다. 슬슬 처분하려던 참이었다. 그것은 틸라피아라는 민물고기였다. 아프리카가 원산지이며, 원래는 오키나와에서 식용으로 수입했다. 다케 씨는 이 물고기가 막 들어왔을 때 수산물 시장에서 파는 것을 본 적이 있다고 한다.

그런데 이 틸라피아는 깨끗한 환경에서 살아가는 물고기였고, 그것이 엉뚱한 결과를 낳았다. 틸라피아는 하천에서 왕성하게 번식해서, 곧 시내에 있는 모든 하천에서 그 모습을 볼 수 있게 되었다.

이 모습을 본 오키나와 사람들은 틸라피아를 먹고 싶은 마음이 사라져 지금은 도시의 하천뿐 아니라 거의 모든 하천에서 그 모습을 찾아볼 수 있다. 냉동실의 틸라피아는 요기가 가져다준 것이다. 강에서 잡아 와 키우다가 죽은 것이라고 한다.

"오랫동안 키워서 차마 이대로 버릴 수가 없어요. 그냥 먹을까 생각도 했지만 선생님 생각이 나서 드려요."

요기는 뱀에 대해서도 물고기에 대해서도 사람들의 편견에 얽매이지 않는 성격이다.

난 틸라피아를 아무렇게나 버리기가 미안해서 냉동실에 계속 보관하고 있었다. 드디어 세상 밖으로 나와 활약할 시기가 왔다. 머리를 잘라내고 익혀서 골격만 남기기로 했다.

틸라피아도 '물고기 속 물고기' 뼈가 있었다. 그 모습이 왠지 가련해 보였다. 처음에는 민물고기이므로 없을 수도 있다고 생각했는데, 역시나 있었다.

좀 더 조사해 보니 틸라피아는 실은 바닷물고기 중 자리돔의 일종이었다.

물고기의 골격을 만들다 보니 턱뼈뿐 아니라 가슴지느러미의 관절뼈도 살펴보고 싶어졌다.

앞으로 더욱더 부지런히 물고기를 먹어야겠다고 다짐했다.

오랜만에 저녁 외식을 했다. 이탈리아 레스토랑이었다. 이곳 주인인 미도리 씨와는 조금 알고 지내는 사이로, 그녀는 내가 오키나와 신문에 매주 연재하는 칼럼의 애독자였다.

"오늘 생선은 뭐예요?"

"홍바리예요."

난 이탈리아식 생선찜을 주문했다. 뼈를 발라내기에는 구이나 튀김보다도 찜이 좋다.

음식은 아주 훌륭했다.

살을 다 발라 먹고 턱뼈, 머리뼈, 지느러미가 연결된 관절뼈를 입으로 깨끗이 빨아 먹은 뒤, 준비해 간 봉지에 담았다.

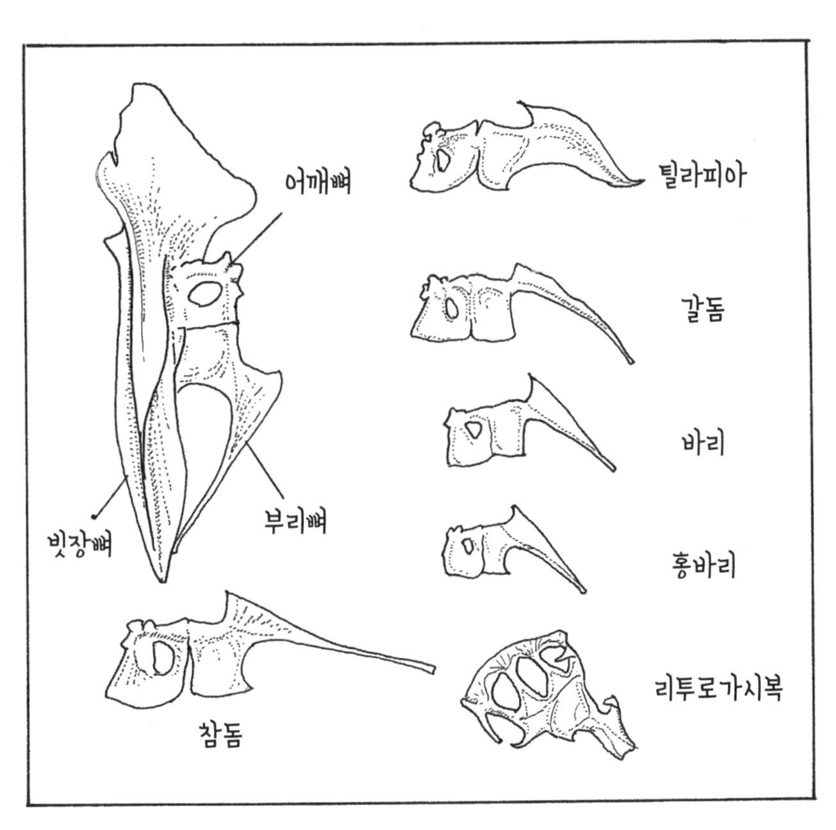
어깨뼈
틸라피아
갈돔
바리
부리뼈
빗장뼈
홍바리
리투로가시복
참돔

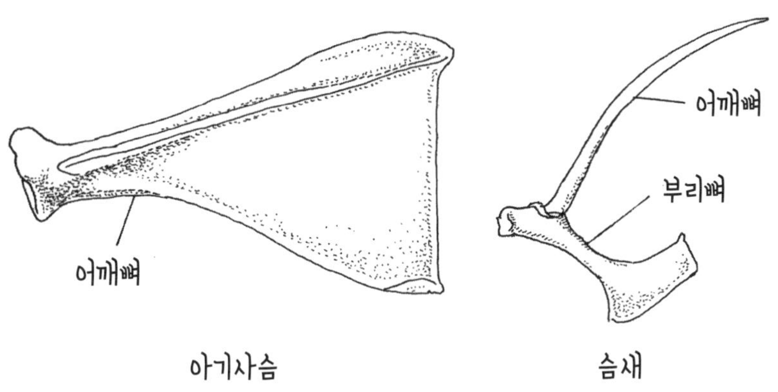
어깨뼈
부리뼈
어깨뼈
아기사슴
슴새

계산을 하려는데 미도리 씨가 그릇 속에 깨끗하게 남겨 둔 나머지 생선 가시들을 보고 웃으며 말한다.

"해부하셨나 봐요."

역시 이런 행동은 아는 사람의 가게나 집에서만 하고, 되도록 집 밖에서는 자제해야겠다고 마음먹었다.

# 다섯 번째 뼈
## — 가시복

"가시복 이빨은 바로 알아볼 수 있는데……."

사시키 유적에서 나온 뼈를 보았을 때 문득 그런 생각을 했다.

오키나와에서는 가시복으로 국을 끓여 먹는다. 가시투성이의 껍질을 벗긴 가시복은 생선 가게에서 비늘돔과 함께 꾸준히 팔리는 생선이다.

가시복의 턱은 튼튼한 부리로 되어 있다. 그 독특한 뼈는 한눈에 보고 알 수 있다고 생각했다. 그런데 그건 나의 착각이었다.

어느 날 대학에서 물고기 뼈를 연구하는 오에 씨가 편지를 보냈다. 오에 씨는 물고기 뼈 중에서도 특히 귓속돌 전문가다. 종종 물고기 귓속돌 화석을 감정해 달라고 부탁하기도 한다.

신기하게도 거북 군과 오에 씨는 서로 아는 사이였다. 거북 군은 오키나와에서 거북 화석 말고도 여러 가지 화석을 찾아냈는데, 그중에는 지층 안에서 발견한 160만 년 정도 된 가시복 이빨 화석도 있었다.

가시복의 턱은 부리처럼 생겼는데, 위턱과 아래턱에 '이빨판'이라고 하는, 빨래판을 축소해 둔 것처럼 생긴 딱딱한 이빨이 있다. 그리고 화석에서는 턱에서 떨어져 나온 이 이빨만 출토됐다.

오에 씨는 가시복 뼈를 보내 줄 수 있는지 나에게 물어보려고 편지를 보낸 것이었다.

"가시복도 종류가 여러 가지라서 어떤 가시복의 이빨인지 확인하고 싶어요."

그렇다. 오에 씨는 강담복, 둥근굳가시복, 가시복, 리투로가시복, 잔점박이가시복, 이렇게 총 다섯 종이 일본 앞바다에 서식하고 있다고 편지에 써 두었다. 이중 둥근굳가시복을 제외한 네 종류는 내가 가지고 있는 도감에도 실려 있다.

"그렇구나. 가시복도 여러 종이 있고 뼈도 당연히 다르겠구나."

편지를 받고서야 그러한 사실을 깨달았다.

그때까지 나는 바닷가에서 가시복의 턱을 여러 번 주웠다. 하지만 그저 '가시복의 턱을 주웠다'고 생각했을 뿐이다. 정확하게 말하면 '가시복의 일종'이라고 하는 것이 올바르다. 그 사실을 알았기 때문에 이제부터는 '무슨무슨 가시복의 뼈를 주웠다'라고 정확하게 말하기로 했다.

오에 씨는 연구를 해야 하는데 본토에서는 가시복을 손에 넣기 힘들다고 했다. 다행히도 오키나와에서는 가시복을 즐겨 먹는다. 돼지의 뼈처럼 가시복의 뼈도 오키나와의 뼈라고 할 수 있다.

먼저 가시복들의 겉모습이 어떻게 다른지 도감을 통해 확실하게 정리해 두기로 했다.

가시복은 몸 표면에 가시가 자라 있고 희미하게 검은 점이 있다. 리투로가시복은 흰색 바탕에 얼룩덜룩한 검은 점이 뚜렷하게 있는 것이 특징이다. 잔점박이가시복은 몸 표면에서 지느러미까지 작은 점들이 있다.

이 세 종류의 가시복은 모두 가늘고 뾰족한 가시를 가지고 있다. 이에 반해 강담복은 가시가 바늘처럼 뾰족하지 않고 세 갈래로 갈라져 몸 표면을 사슬처럼 덮고 있다. 마지막으로 둥근굳가시복은 도감에 나와 있지 않아 수수께끼로 남아 있다.

이러한 차이를 머릿속으로 되뇌면서 당장 시장으로 갔다.

"아니, 이럴 수가!"

허탈했다. 수산물 시장에서는 가시복의 껍질을 모두 벗겨서 팔고 있었던 것이다. 그렇다면 어떤 가시복인지 알아볼 수가 없다.

마침 한 가게에서 장식을 위해 껍질을 벗기지 않고 놔둔 가시복을 발견했다. 그것을 팔 수 있는지 물었다. 리투로가시복 한 마리에 1,800엔이라고 했다. 가시복들은 모두 고급 물고기다.

"껍질과 내장도 그대로 주세요."

껍질이 붙어 있는 가시복은 구하기 어렵기 때문에 사장님에게 그렇게 말했다. 다만, 어떻게 껍질을 벗기는지 설명을 부탁했다. 가시투성이 물고기를 처리하는 것은 처음이므로.

집에 가져와서 껍질을 벗겼다. 우선 입 주변을 따라 한 바퀴 빙 둘러 칼집을 낸다. 부엌칼보다는 커터 칼이 더 자르기 쉬웠다. 그리고 나서 배의 가죽을 가위로 일직선으로 싹둑싹둑 자른다. 그리고 껍질을 벗기면 된다.

## 가시복의 뼈 1

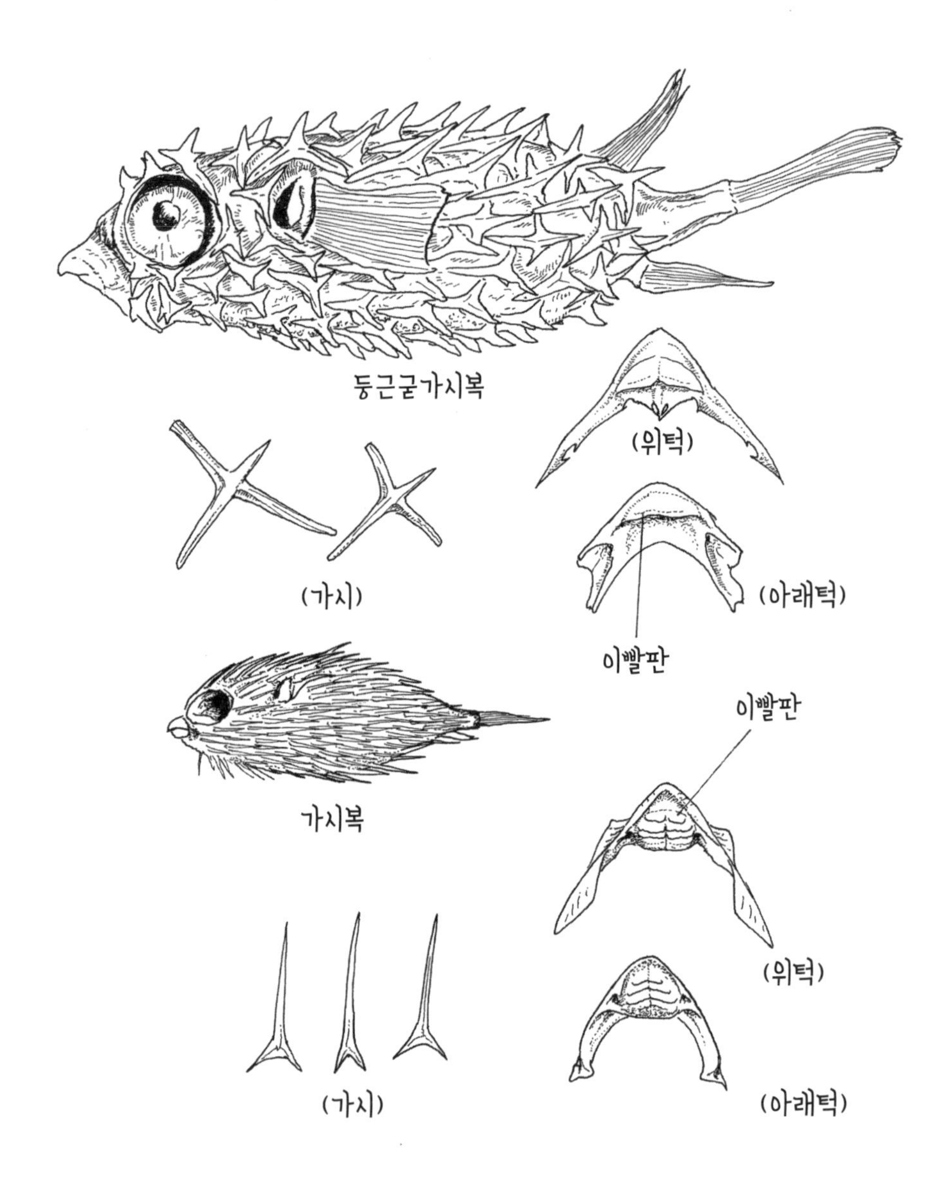


※모두 바닷가에 떠밀려 온 것을 그린 것이다.

두꺼운 껍질을 벗기는데 익숙한 느낌이 들었다. 전에 너구리 해부를 할 때와 느낌이 비슷했다.

위를 제거했다. 소라게와 게와 작은 고둥이 위 속에 들어 있었다. 가시복은 단단한 턱과 이로 우걱우걱 씹어 먹는다. 이렇게 처리한 가시복을 통째로 냄비에 넣고 된장을 풀어 국을 끓였다. 아주 깊은 맛이 우러났다.

복 종류는 갈비뼈가 없다. 몸을 부풀리는 데 방해가 되기 때문이다. 다른 척추동물과 비교해 보았을 때 뼈의 구성이 확실히 다르다. 복의 일종인 가시복 역시 갈비뼈가 없다. 물고기는 뼈가 잘아서 해부하기 어렵다고 탄식하는 사람은 복 종류를 해부하면 좋을 것이다.

가시복의 머리뼈는 모두 단단하게 붙어 하나가 되어 있다. 보통 물고기는 익히면 머리뼈가 뿔뿔이 흩어지는데, 가시복은 푹 끓여도 머리뼈가 흐트러지지 않는다. 초등학교 수업 시간에 복을 해부한 적이 있다. 복은 물고기 해부를 처음 해 보는 사람에게도 적절한 물고기다.

마침내 이름을 확실히 알 수 있는 머리뼈 하나를 얻었다. 하지만 가시복을 자주 해부하기에는 재정적으로 너무 부담이 된다.

난 에이치를 만나 물었다.

"형씨, 가시복도 철이 있나?"

"그건 왜?"

나는 사정을 얘기했다.

"종마다 다르게 생겼구나. 그건 몰랐네."

낚시를 좋아하는 에이치도 '가시복은 가시복이지.'라고 생각하고 있었다. 역시 사람은 누구나 잘 안다고 생각하지만 잘 모르는 것이

있다.

“가시복이 잘 잡히는 곳을 알고 있으니까 이번에 낚시를 가면 반드시 잡아 올게.”

에이치가 이렇게 말했지만 부탁을 하면서도 그다지 기대하지 않았다. 하지만 에이치는 자신이 한 말을 지키는 사람이다.

이런 대화를 나누고 한 달 정도 지났을 무렵이었다. 집에 있는데 에이치가 보낸 물고기가 도착했다. 가시복이 무려 열한 마리나 되었다.

모양을 보니 가시복과 잔점박이가시복이 섞여 있었다. 강담복은 본토에 있을 때 턱을 주워서 갖고 있었다. (이 물고기만큼은 생김새가 독특해서 나도 구분할 수 있다.)

이것으로 시장에서 산 리투로가시복을 포함해 총 네 종의 뼈를 갖추었다. 와우! 그런데 이날이 크리스마스이브의 밤이었다. 문득 크리스마스이브에 가시복과 씨름하는 것이 과연 기뻐할 일인가, 의문이 들었다.

네 종류의 턱뼈를 모두 나란히 늘어놓았다. 사슴과 염소의 위팔뼈를 비교해 볼 때와 마찬가지로 처음에는 모두 비슷해 보였다. 꼼꼼히 살펴보자 차이점이 눈에 들어왔다.

우선 강담복의 턱이 다른 세 종과 달랐다. 몸 표면의 가시뿐 아니라 턱의 생김새도 다른 것들과 구별되었다. 턱 중앙에 이빨판이 있어서 그 양쪽으로 뼈가 날개 모양으로 튀어나왔다.

이 부분을 일단 ‘날개’라고 부르기로 했다. 강담복의 경우 아래턱의 날개가 다른 세 종과 비교해 확실히 길었다. 위턱 날개의 형태를 비교하면 다음과 같다.

리투로가시복을 기준으로, 리투로가시복의 위턱뼈의 날개는 위쪽 끝부분이 조금 불룩하다는 것이 특징이다. 강담복의 날개는 두껍고 짧다. 잔점박이가시복의 날개는 조금 가늘고 위로 젖혀져 있다. 가시복의 날개는 가장 가늘고 길다.

차이점을 알았으니 지금까지 '가시복'의 뼈라고 주워 왔던 턱뼈들을 다시 살펴보기로 했다.

아카섬에서 주운 머리뼈 위턱의 날개에는 불룩 튀어나온 부분이 있다. 그러므로 이것은 리투로가시복이다. 이리오모테섬에서 주운 턱도 마찬가지로 리투로가시복이었다. 오가사와라 제도 지치섬에서 주운 것은 잔점박이가시복이었다.

이런 식으로 서랍 속에 잠자고 있던 뼈를 식별할 수 있게 되었다. 누구의 뼈인지 알게 되는 것은 재미있다. 당장 누군가에게 말하고 싶어진다.

때마침 오키나와섬 최북단 해안가로 학생들과 답사를 가기로 했다. 바닷가에서 뼈든 조개든 여러 가지 표착물을 주워 살펴보기 위해서였다.

바닷가로 가는 차 안에서 나는 신이 나서 가시복에 대해서 이야기했다.

"선생님."

바닷가에서 막 뼈를 줍기 시작했을 때 다케 씨가 나를 불러 세웠다. 손에는 커다란 가시복을 들고 있었다.

"이건 어떤 가시복이에요?"

다케 씨는 버스를 운전하면서 내 이야기를 귀 기울여 듣고 있었던

# 가시복의 뼈 2

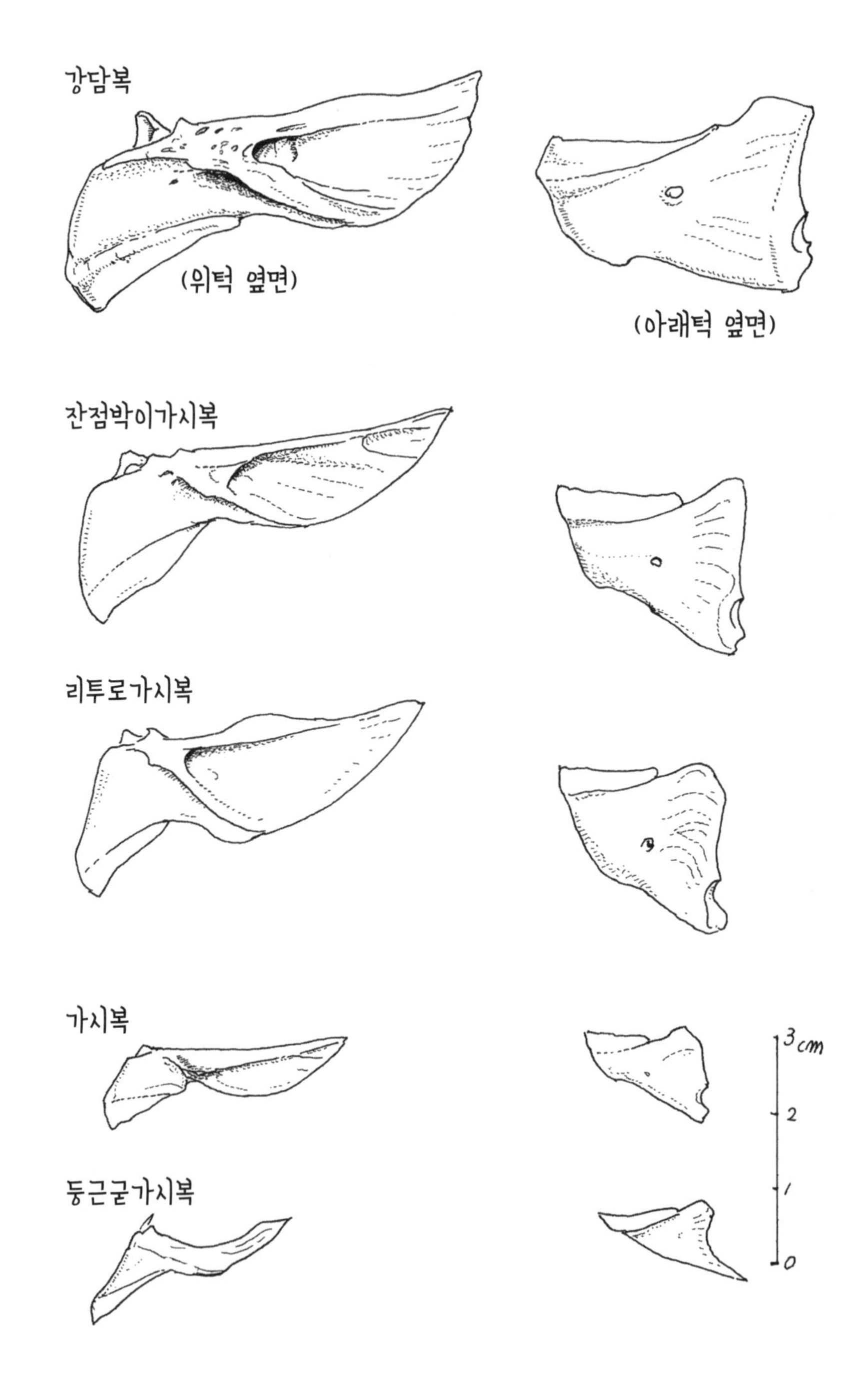

것이다.

"뼈를 봐야 어떤 종인지 알 수 있어요."

나는 그렇게 대답했다.

나중에 뼈를 발라 보았더니 그것은 리투로가시복이었다.

마침내 '가시복'의 종류를 구별할 수 있게 되자 나는 가시복과 뼈를 정리하여 오에 씨에게 보냈다. 턱뼈의 차이는 알았지만 턱 안에 있는 이빨판의 차이는 훨씬 더 복잡하다. 이것은 전문가에게 맡기자.

한참이 지나서 오에 씨가 과자 상자를 보냈다. 물고기 뼈가 과자로 변하는 일이 종종 있다.

그런데 한 가지 마음에 걸리는 것이 있었다. 마지막까지 수수께끼로 남아 있던 둥근곤가시복의 존재였다. 이것은 찾아보지 않아도 될까? 내가 가진 도감에 실려 있지 않아서 깨끗하게 단념하고 있었다.

그러던 어느 날이었다. 나는 표착물 학회의 게시판을 보고 있었다. 표착물 학회는 바닷가로 떠밀려 온 다양한 표착물을 연구하는 단체로, 모두들 즐겁고 성실하게 연구한다. 나도 그 학회의 회원이다. 나는 컴퓨터를 잘 사용하지 않지만 이날은 친구의 도움을 받아 온라인 게시판의 글들을 살펴보고 있었다.

대충 훑어보다 보니 마음에 걸리는 글이 있었다. 바닷가 연안에 수수께끼의 가시복이 떠밀려 왔다는 것이다. 가시복에 매료되어 있던 나는 그 글을 대강 보고 넘기지 못하고 답글을 달았다. 수수께끼의 가시복 몸에 난 가시가 세 갈래로 갈라져 있다는 한 문장 때문이었다.

'아마도 그것은 강담복이 아닐까 싶습니다.'

나는 그렇게 답글을 남겼다.

둥근곧가시복의 존재가 아주 조금 마음에 걸리기는 했다. 하지만 그럴 가능성은 없다고 생각했다.

아니나 다를까, 우려했던 일이 일어났다. 그 글에는 가시복의 사진이 첨부되어 있었지만 난 미처 보지 못했다. 나중에야 그 사진을 확인해 보니, 예전에 보았던 강담복과 생김새가 좀 달랐다.

그리고 나 말고 다른 사람이 답글을 적었다. 그 사람은 여러 특징으로 보아 둥근곧가시복으로 추정된다고 적었다.

아차, 이럴 수가. 나는 내 부족함 때문에 얼굴이 화끈거렸다. 하지만 나쁘기만 한 것은 아니었다.

"어?"

이런 대화가 오가는 중에 얼마 전 바닷가에서 주워 와 말려 놓은 가시복이 떠올랐다. 나는 그것을 작은 강담복이라고 생각하고 주워 왔다. 그런데 이 일 때문에 불현듯 그것이 강담복이 맞는지 궁금해졌다. 베란다로 가서 강담복을 집어 들고 살펴보았다.

유심히 보니 그건 강담복이 아니었다. 강담복처럼 세 갈래로 갈라진 가시가 몸 표면을 뒤덮고 있었지만, 세 갈래로 갈라진 가시 사이에 바깥으로 뾰족한 가시도 튀어나와 있었다. 이것이야말로 아까 게시판 사진에서 본 둥근곧가시복이 아니던가! 나는 둥근곧가시복이라는 것을 모른 채 다섯 번째 가시복을 주운 것이다.

다음 날, 둥근곧가시복을 익혔다.

'턱뼈는 어떻게 다를까? 이 뼈를 오에 씨에게 보내면 반가워할까?'

반응이 무척 기대되었다.

우리의 일상생활 가까이에서도 흥미로운 사실을 찾을 수 있다. 예로부터 오키나와에서는 소쿠리에 음식물을 넣고 천장에 매달아 보관했는데, 소쿠리를 매달 때 안에 가시복을 함께 넣어 두었다고 한다. 아마도 쥐를 물리치려고 이렇게 한 것 같다.

가시복을 먹기만 한 것이 아니라 일상생활에도 이용을 했던 것이다. 바구니에 매달았던 가시복은 어떤 가시복이었을까?

# 포장마차의 뼈
## — 닭

산호 학교는 2학기제로 운영된다. 그리고 1학기와 2학기 사이 일주일간은 '여행 기간'으로 정해 학생들은 함께 여행을 떠난다.

"여행을 하는 것은 매우 중요해."

호시노의 아이디어로 이런 행사가 만들어졌다.

개교 2년이 되는 해에는 학생들이 직접 대만 여행을 기획했다. 여행에 관한 모든 준비는 학생들이 맡아서 했다. 그 여행에 나와 겐도 참여했다. 이것은 상당히 진귀한 여행이 되었다.

우리는 대만 북부에 있는 어느 절에 들렀다. 한 바퀴 둘러보고 절 밖으로 나왔더니 작은 포장마차가 있었다. 녹차에 익힌 달걀 같은 대만의 대표 간식을 팔고 있었다. 포장마차 주인아저씨가 우리에게 또 한 가지 음식을 추천했다. 닭발 조림이었다.

검고 반질반질 윤이 나는 닭발을 보고 학생들은 몸서리를 쳤다. 하지만 나는 그걸 먹어 보고 싶었다. 전부터 줄곧 닭의 발뼈를 갖고 싶었기 때문이다. 제대로 된 온전한 뼈를.

전에 한 번 닭의 뼈를 사서 익혀 골격 표본을 만든 적이 있다. 하지만 머리도, 날개도, 다리도 붙어 있지 않았다. 그리고 정육점에서 파는 닭은 영계라서 뼈가 완전히 성장하지 않았다. 가슴뼈의 용골도 아직 연골 상태였다.

돼지 발에 관심을 가지기 시작하면서 동물들의 발가락에 관심이 많아졌다. 닭은 어떨까? 닭의 발뼈를 꼭 손에 넣고 싶었다.

결국 닭발 조림을 사기로 했다. 세 개만 달라고 할 생각이었는데 그만 세 봉지를 달라고 말했다. 한 사람이 한 개씩 양념한 닭발을 받았다.

"으악! 이상해요. 냄새도 맡기 싫어요."

아마네는 한 입 뜯어 먹고 몸서리를 쳤다.

키키는 음식을 함부로 버리지 못하는 성격이라 괴로워하면서도 다 먹었다.

나는 꿍꿍이가 있으므로 열심히 뜯어 먹었다. 고기는 거의 없고 껍질의 젤라틴이 확실하게 느껴졌다. 맛도 그렇게 나쁘지는 않았다.

다른 곳에 가니 닭발 조림을 상자째로 팔고 있었다. 대만에서는 대중적인 음식인 것 같았다. 돼지 발도 먹는데 닭발이라고 못 먹을 이유가 있을까 싶다.

여행하는 동안에는 뼈를 깨끗이 발라낼 수 없으므로 봉지째 집으로 가져와 폴리덴트 액에 담갔다.

닭의 발가락은 네 개다. 포유류와 달리 새는 기본적으로 발가락이 네 개다. 이 발가락들은 하나의 정강발목뼈에 달라붙어 있다. 정강발목뼈는 사람의 다리 뼈에 해당한다. 새는 날기 위해서 몸을 최대한

가볍게 만들어야 했고, 그러기 위해 몸 곳곳의 뼈를 융합시켰다. 정강발목뼈도 그런 뼈들 중 하나다.

정강발목뼈의 발가락 쪽은 세 갈래로 갈라져 있다. 발가락은 본래 발허리뼈에 하나씩 달라붙어 있다. 즉, 세 갈래로 갈라진 뼈는 발허리뼈 여러 개가 합쳐진 것이다. 정강발목뼈라고 하는 이유는 위쪽 끝에 발목뼈의 일부까지 달라붙어 있기 때문이다. 나머지 발목뼈는 정강뼈 쪽으로 달라붙었다.

나는 닭발을 뜯어 먹다가 정강발목뼈의 위쪽 끝이 톡 떨어져 나가자 그대로 버렸다.

"뼈끝이니까 괜찮겠지."

한참이 지나서야 이 부분이 발목뼈가 합쳐진 부분이었다는 것을 깨달았다.

이번에는 발가락이다. 먹기 쉽도록 발톱 끝은 잘려 있었다. 나는 먹다가 뼈가 흩어져도 알 수 있도록 간단하게 메모를 해 두었다.

- 닭의 네 발가락 중 하나는 뒤쪽을 향해 붙어 있다.
- 그리고 나머지 세 개는 앞쪽을 향해 있다.
- 오른쪽 끝 발가락이 가장 짧다.
- 앞쪽 가운뎃발가락이 가장 길다.
- 왼쪽 끝 발가락은 중간 정도 길이다.

이런 식으로 메모를 해 두었다.

그런데 이것은 오른쪽 발일까? 아니면 왼쪽 발일까? 골격을 살펴

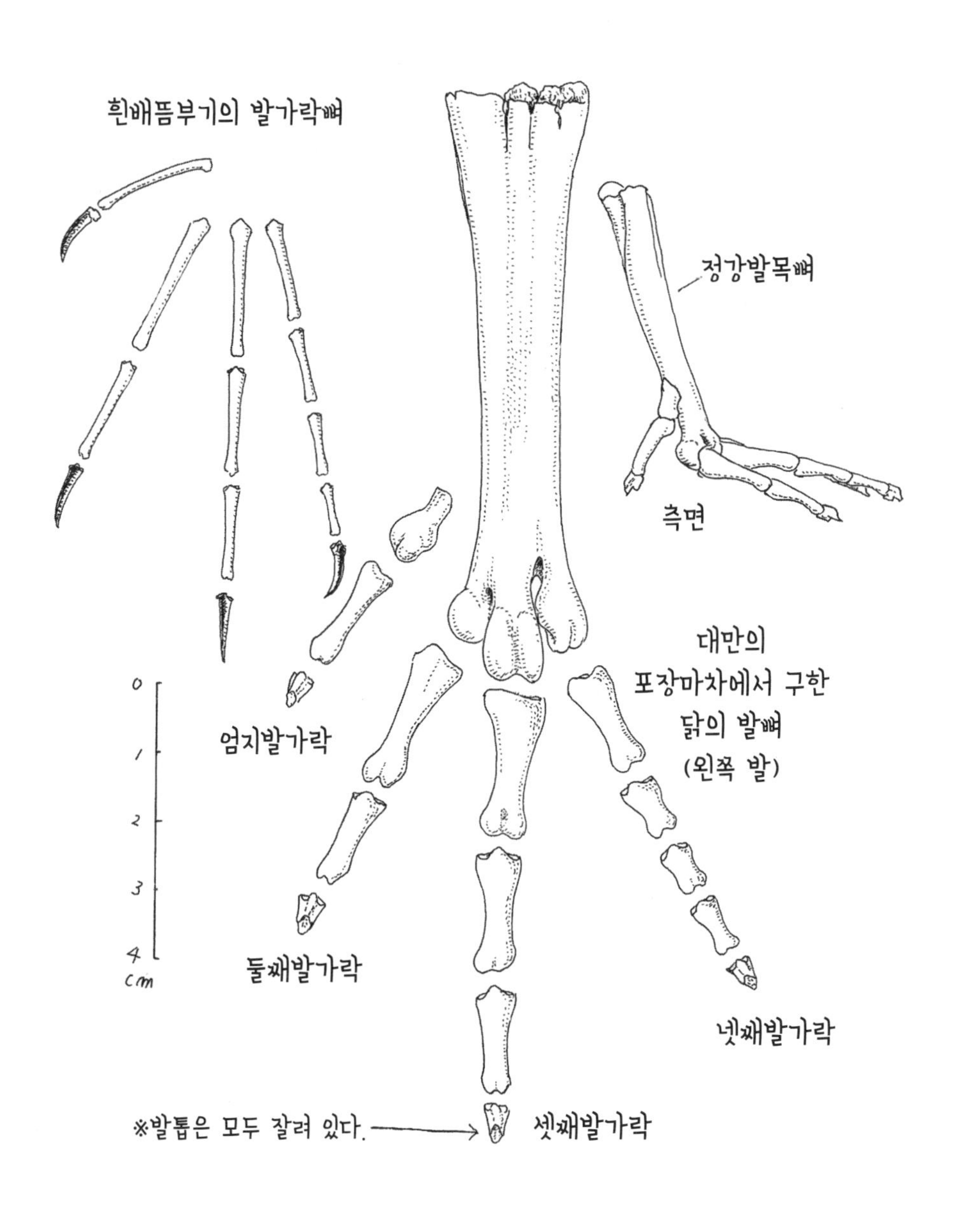
닭의 발뼈
흰배뜸부기의 발가락뼈
정강발목뼈
측면
대만의
포장마차에서 구한
닭의 발뼈
(왼쪽 발)
0
1
2
3
4
cm
엄지발가락
둘째발가락
넷째발가락
※발톱은 모두 잘려 있다.
셋째발가락

보다가 특이한 점을 깨달았다.

오른쪽 끝 발가락의 뼈는 세 개다. 앞쪽 가운뎃발가락뼈는 네 개다. 왼쪽 끝 발가락의 뼈는 다섯 개가 있다. 발가락마다 뼈의 개수가 달랐다.

설명하자면 이렇다. 우선 뒤쪽을 향해 붙어 있는 것이 닭의 엄지발가락이다. 그 옆에 뼈가 세 개인 것이 둘째발가락이고, 뼈가 네 개인 것이 셋째발가락, 뼈가 다섯 개인 것이 넷째발가락이다. 그러므로 내가 먹은 건 닭의 왼쪽 발이라는 얘기다.

엄지발가락이 뒤쪽을 향해 있는 것은 나뭇가지를 잡아야 하기 때문이다. 그런데 새 중에도 땅에서만 생활을 하는 새가 있다. 이런 새들은 발가락이 많이 변형되었다. 닭도 주로 땅에서 살지만 잘 때는 횃대에 올라가 잠을 잔다. 그래서 엄지발가락이 아직도 확실하게 남아 있다. 단, 다른 세 개의 발가락보다 조금 높은 위치에 붙어 있다.

세가락메추라기는 초원에 사는 새다. 메추라기는 닭을 포함한 꿩의 일종으로 발가락이 네 개다. 반면 세가락메추라기는 독립적으로 세가락메추라깃과이고 발가락이 세 개뿐이다. 주로 땅 위를 걷다 보니 걸어 다니기에 적합하게 진화한 것이다.

물론 땅 위를 가장 잘 달리는 새는 타조이다. 타조는 발가락이 두 개밖에 없다. 엄지발가락과 함께 둘째발가락도 퇴화하였다. 말의 발가락처럼, 빨리 달리기 위해 발가락이 붙어 버린 것이다.

여행 기간 동안 술꾼인 겐은 물론이고 학생들도 밤마다 대만의 포장마차로 모여들었다. 오직 나 혼자 호텔에 남아 있었다. 낮 동안 주운 나무 열매 등을 스케치하느라 바빴기 때문이다.

그런데 오키나와에 돌아와서 학생들의 이야기를 듣고 후회막심이었다. 아마네가 포장마차에서 오리 혀를 먹었다고 했기 때문이다. 오리의 혀를 꼭 다시 한 번 보고 싶었는데.

몇 년 전 호시노와 대만 여행을 갔을 때 호시노가 포장마차에서 오리 혀를 사 왔다. 이때도 나는 호텔에 있었다.

"한 마리에 한 개밖에 안 나올 텐데, 이렇게나 많이 주지 뭐야!"

호시노가 감탄했다.

플라스틱 용기에는 양념을 해서 볶은 오리 혀가 여러 개 담겨 있었다. 살은 그다지 많지 않았지만 고기가 있기는 있었다. 그리고 다 먹고 나자 뼈가 남았다. 바로 목뿔뼈라고 하는, 혀를 지탱해 주는 뼈다.

가운데에 직사각형의 작은 뼈가 있고 좌우에 가늘고 긴 뼈가 붙어 있다. 처음에는 의식하지 못했지만 새의 혀도 부리와 마찬가지로 식성에 맞추어 실로 다양한 모습을 하고 있다.

청둥오리나 오리의 혀는 식재료가 될 만큼 살이 많다. 쇠오리를 해부하고 혀를 스케치하고 있는데, 옆에서 보고 있던 학생이 그것을 보고 "심해 생물 같아요."라고 말했다. 혀가 6센티미터나 되고 살도 많은 데다 돌기가 복잡하게 튀어나와 있었기 때문이다.

어렸을 때 책에서 클레오파트라가 공작의 혀를 먹는 장면을 읽은 적이 있다. 그것이 오랫동안 묘하게 기억에 남았다. 어린 나는 새의 혀를 먹는다는 것을 상상도 할 수 없었다.

아직까지 공작의 혀도, 닭의 혀도 본 적이 없다. 그런데 같은 종인 꿩은 혀의 길이가 17밀리미터다. 살이 많이 붙어 있긴 하지만 오리와 비교한다면 먹을 수는 없을 것 같다.

## 식재료로 쓰이는 청둥오리

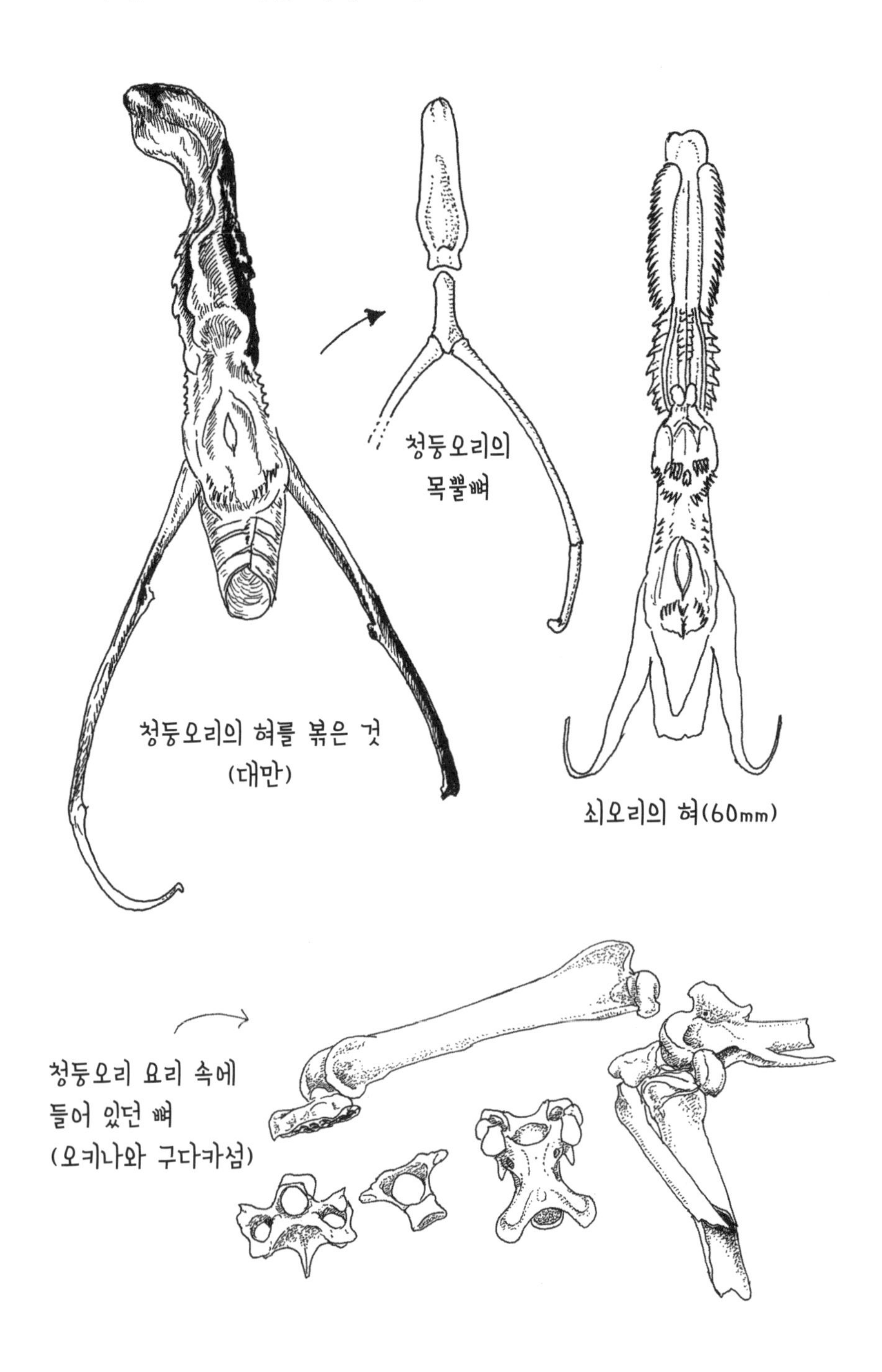

부리가 가늘고 긴 멧도요는 혀도 놀라우리만큼 가늘고 길다. 우리 주변에는 혀가 이상하게 생긴 새가 의외로 많다. 대표적으로 직박구리와 흰배지빠귀가 그렇다.

직박구리의 혀는 플라스틱처럼 얇고 딱딱하다. 혀라는 걸 모르고 보면 이게 대체 뭘까 의아해할 것이다. 왜 직박구리는 혀가 얇고 딱딱한 걸까? 꽃의 꿀을 좋아하는 직박구리는 혀끝이 솔 모양이다.

그렇다면 참새의 혀는 어떨까?

대만에서 오리 혀를 놓쳤으므로 그 대신이라기엔 뭐하지만 냉동실에 들어 있던 참새를 꺼내어 혀를 살펴보았다. 길이가 1센티미터로 매우 작았다. 《혀 잘린 참새》라는 전래동화를 보면 심술쟁이 할머니가 참새의 혀를 자르는 장면이 나오는데, 작은 참새의 부리를 억지로 벌려서 혀만 싹둑 잘라 낸 그 할머니도 보통은 아니다. 만져 보니 혀가 딱딱하고 살이 별로 없다. 그러면 혀를 잘라도 아프지 않은 것일까?

새의 혀만 보아도 생물이 삶의 모습에 따라 몸의 구석구석까지 변화시켰다는 걸 알 수 있다.

오키나와에서는 오리의 혀는 팔지 않지만 오리 요리는 있다. 이웃나라 중국과 문화를 교류했다는 역사적 증거일 것이다. 오키나와 옆에 있는 구다카섬에는 전통문화가 아직도 많이 남아 있다. 구다카섬의 음력설 술자리에 참석했더니 전통 음식으로 오리탕을 대접받았다.

"직접 재배한 채소가 아니면 성의가 없는 거야."

음식을 대접하는 할머니가 말했다.

## 새의 혀

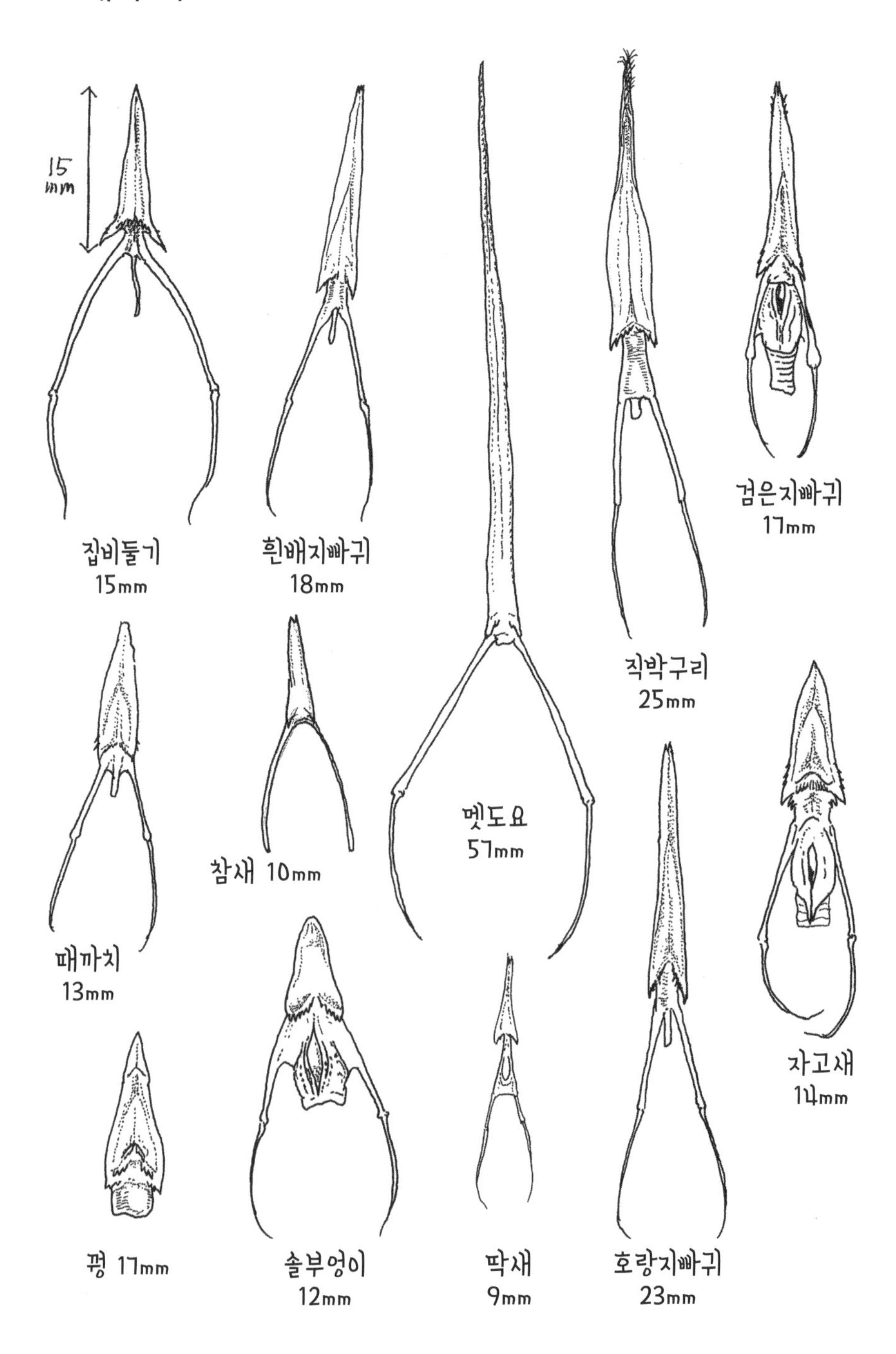
15 mm
집비둘기
15mm
흰배지빠귀
18mm
멧도요
57mm
직박구리
25mm
검은지빠귀
17mm
때까치
13mm
참새 10mm
자고새
14mm
꿩 17mm
솔부엉이
12mm
딱새
9mm
호랑지빠귀
23mm

물론 우리가 먹은 오리도 할머니가 직접 키운 것이었다. 나는 오리탕을 먹으며 뼈를 몇 개 챙겨서 기념으로 가지고 돌아왔다.

생물의 몸이 삶의 모습에 맞춰 다양한 방법으로 변화한 것처럼 사람들의 삶도 사는 곳에 따라서 다양하게 변해 왔다.

장소에 따라서 마주할 수 있는 뼈가 다르다. 오키나와는 작은 섬들이 모여 있지만 섬마다 지역마다 사람들의 삶은 다양한 차이를 보인다.

친구 중 한 사람인 미야기 씨는 나보다 열 살 정도 나이가 많다. 그는 오키나와섬 최북단에서 태어났다. 미야기 씨와 함께 술을 마시는데 옛날이야기가 나왔다.

나이 차이는 열 살에 불과하지만, 이야기를 나누다 보니 전혀 다른 세계를 살아온 것처럼 느껴졌다. 가장 놀랐던 건 미야기 씨가 친구인 모리야 씨와 함께 오키나와뜸부기를 먹어 본 적이 있다고 말했을 때였다.

1981년 야마시나 조류 연구소의 연구원이 처음으로 오키나와뜸부기를 생포하여 신종이라는 것을 확인했다. 미야기 씨는 1948년에 태어났다.

"멧돼지를 사냥하러 갔던 사람이 멧돼지는 잡지 못하고 대신 뜸부기 두 마리를 잡아 왔는데, 그때 오키나와뜸부기를 처음 보았지. 아마 내가 유치원을 다닐 때였을 거야. 긴꼬리꿩이라고 하면서 잡아 왔어."

이번에는 모리야 씨가 말했다.

"나는 초등학교 6학년 때 닭이랑 같이 달리는 것을 보고 병이 든 줄

알았지 뭐야."

두 사람 모두 그렇게 귀한 새라는 것을 그때는 전혀 몰랐다고 말하며 웃었다.

나는 오키나와뜸부기의 뼈는 만져 본 적이 없다. 그런데 이곳 사람들은 때때로 이 새의 뼈를 갖고 놀기도 했다는 것이다.

같은 장소에 있어도 시대가 바뀌면 사람과 생물이 만나는 방법은 달라진다. 과거에는 산에서 채집한 식물이나 나무 열매, 바다에서 잡은 것들을 이용해 살아왔다. 아직도 오키나와에는 그때의 기억이 선명하게 남아 있지만, 오늘날 사람과 자연의 거리는 점점 멀어지고 있다.

# 배낭 속의 뼈
## — 에필로그

"돈은 두 번째로 중요해."

호시노가 자주 하는 말이다.

이것은 호시노의 인생철학이기도 하지만 한편으로 산호 학교의 현재 상황을 잘 표현해 주는 말이다.

산호 학교는 작은 학교다. 선생님들은 당연히 학교 월급만으로는 먹고살 수가 없다.

'스스로 살길을 찾을 것.'

이것이 암묵적인 약속이다.

나도 산호 학교에서는 일주일에 세 번, 반나절씩만 수업을 한다. 나머지는 여기저기서 시간 강사를 한다.

대학에서도 일주일에 한 번 강의를 하기로 했다.

"우리는 문과니까 어려운 것은 하지 않으셔도 돼요. 생물이나 자연에 관심을 갖게만 해 주셨으면 합니다. 선생님이 하고 싶은 수업을 하세요."

대학에서는 대략적인 틀만 알려 주었고, 그럭저럭 해낼 수 있을 것 같았다.

“근데 한 강의에 200명 정도 올지도 몰라요.”

뭐라고? 그럴 줄 알았더라면 거절할 걸 그랬다고 후회했다. 교단에 몇 년을 섰지만 아직도 사람들 앞에서 말하는 것이 부담스럽다.

급한 대로 뼈를 비롯해 이것저것을 가지고 갔다. 200명을 상대로 이런 방식의 수업이 가능할까, 고민이 됐지만 내가 갑자기 다른 사람이 될 수 있는 것도 아니었다.

결국 수업 첫날 나는 고래의 척추뼈를 꺼냈다.

“이게 무슨 동물의 뼈일 것 같니?”

도대체 저 사람이 뭔 소리를 하는 거야, 하는 표정으로 바라보는 대학생들을 보며 나는 애써 미소를 지었다.

“공룡인가요?”

한 학생이 물었다.

그래도 대답이 나와서 가슴을 쓸어내렸다.

학기 내내 학생들의 반응이 거의 없어서 수업을 하기가 여간 어려운 것이 아니었다. 분위기가 너무 가라앉아 있었다.

1학기 기말시험에서 수업에 대해 느낀 점을 한마디씩 적어 내라고 했다.

‘교수님이 가지고 계신 뼈를 모두 보고 싶어요.’

‘가끔씩 보여 주시는 뼈가 진짜 뼈인가요?’

‘저는 바닷가를 아무리 걸어도 바다거북의 뼈를 한 번도 본 적이 없어요. 정말로 우리 주변에서 뼈를 주울 수 있나요?’

이런 내용들이 적혀 있었다.

대학생들도 뼈에 관심이 있었다.

또 다른 아르바이트는 대학교에서 강의하는 것보다 훨씬 더 힘들었다. 근처의 어린이집에서 자연 수업을 하는 것이었다. 이것도 일주일에 한 번이다.

처음에는 그럭저럭 괜찮았다.

아이들과 친해지는 동안 업어 주기도 하고, 때로는 달려오는 아이들에게 걷어차이기도 하며 온갖 육탄 공세에 시달렸다. 울고불고, 싸우고, 떼를 쓰기도 했다. 나는 아이들에게 쩔쩔매면서 어린이집 선생님들은 정말 대단하다고 진심으로 감탄했다.

어느 날 교실에 뼈를 들고 갔다. 이시가키섬에 사는 지인 후카이시 씨가 나에게 뼈를 감정해 달라고 부탁한 게 발단이 되었다. 후카이시 씨도 생물을 좋아해서 자주 섬 안을 걸어 다닌다. 그러던 어느 날 해안에서 이상한 뼈를 발견했다. 아래턱과 척추뼈였다.

그런데 그렇게 생긴 아래턱은 처음 보았다고 했다. 함께 주운 척추뼈를 봐서는 물고기 뼈 같기도 한데, 물고기 뼈치고는 조금 특이하고 단단했다. 그래서 그 뼈를 나에게 택배로 보냈다.

아래턱이 확실히 견고했다. 제법 두툼하고 표면도 반질반질했다. 애석하게도 이빨은 전부 빠지고 없었다. 하지만 아무리 보아도 물고기 뼈는 맞는 것 같았다.

한참을 만져 보다가 문득 무언가가 떠올랐다. 똑같이 생긴 뼈를 언젠가 주운 적이 있다는 사실이 생각난 것이다. 온 집 안을 다 뒤져서 결국 찾아냈다. 예전에 본토 해안에서 곰치의 뼈를 주웠는데, 그때 꺼낸 뼈와 똑같았다. 마침 아래턱만 가지고 있었다.

수수께끼의 뼈의 정체는 곰치였다. 곰치의 턱뼈라는 것을 알고 나니 척추뼈로 눈이 갔다. 이 척추뼈도 확실히 단단했다.

마침 어린이집 자연 수업의 이야깃거리가 다 떨어진 참이었다. 이 뼈를 이용해 아이들과 친해질 수 없을까?

내가 가지고 있는 자잘한 뼈들, 돼지의 갈비뼈나 바다거북의 발가락뼈를 모아 드릴로 구멍을 뚫었다. 자잘한 뼈들과 곰치의 척추뼈, 여기에 구슬을 섞어서 목걸이를 만들어 보기로 한 것이다. 이름을 붙이자면 '뼈 목걸이'다.

이것은 아이들에게 제법 인기가 있었다. 하지만 아무래도 내가 잘못한 것 같다. 원하는 뼈 목걸이를 갖기 위해 아이들이 다투기 시작했다. 마음에 드는 뼈를 갖지 못하자 한 아이가 갑자기 책상에 푹 엎드렸다. 결국 몇 명은 울고 말았다. 아이고, 맙소사!

이렇게 어린아이들도 뼈를 좋아한다. 그 아이들이 언젠가 어른이 되었을 때, 책상 한쪽 구석에서 곰치의 뼈가 굴러 나온다면 무슨 생각을 할까?

우리는 지금 오키나와뜸부기를 먹는 시대에는 살고 있지 않다. 하지만 지금 시대에 우리가 할 수 있는 무언가가 있을 것이다. 그런 생각을 하면서 나는 가는 곳마다 뼈를 들고 간다.

이제는 오키나와의 초등학교나 도서관에서도 뼈 이야기를 해 달라고 부탁을 한다. 그때마다 배낭 속에 뼈를 쑤셔 넣고 나는 어디든 달려간다.

## 물고기의 뼈

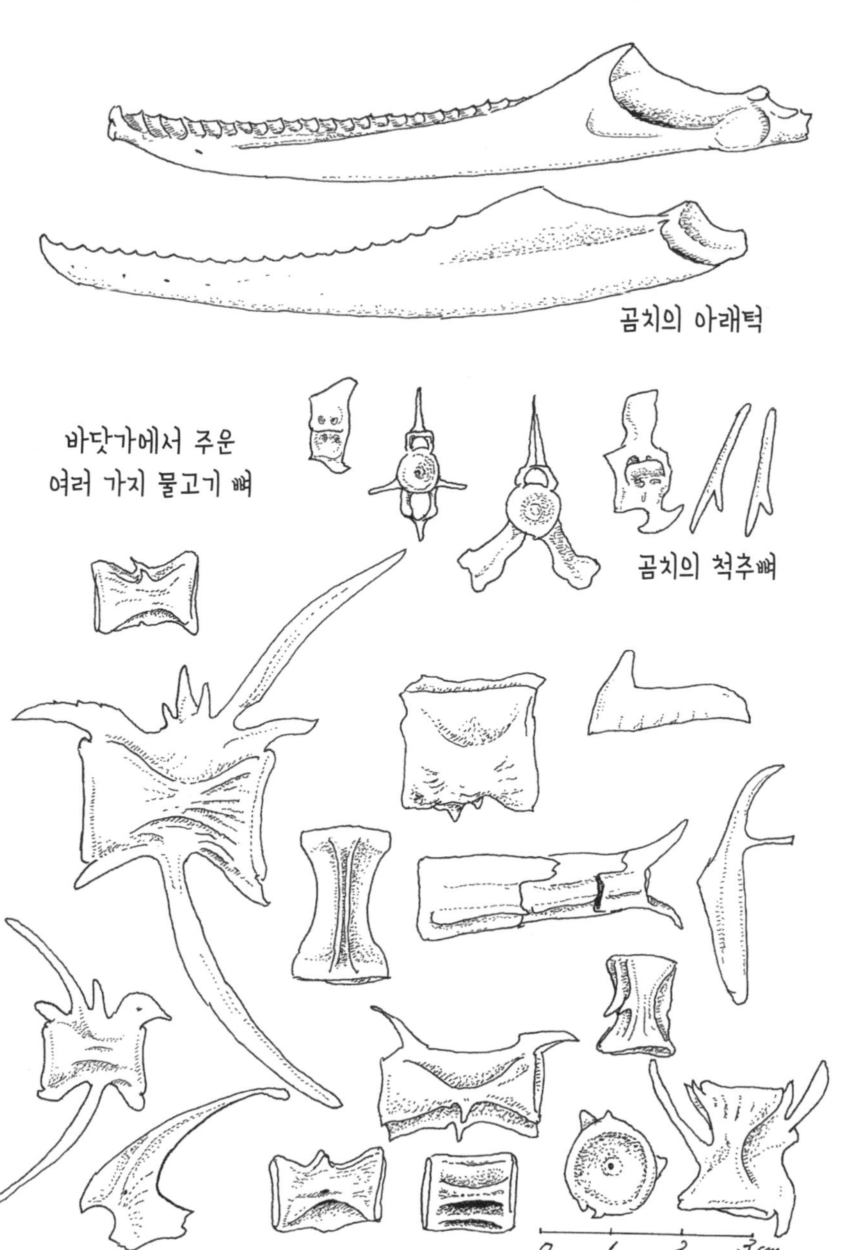

군마현의 숲에서 어린이 여름 캠프를 진행한다고 강의 요청이 들어왔다. 산에 오르기, 연못 살펴보기, 나뭇가지 모아 오기 등 여러 가지 프로그램을 준비했다. 산 전문가, 캠핑 전문가, 자연 체험 전문가 같은 사람들이 캠프를 진행한다. 나는 무엇을 할 수 있을까 고민했지만, 결국 내가 할 수 있는 것은 하나뿐이다.

나는 뼈를 배낭에 쑤셔 넣고 캠핑을 떠났다. 캠프 기간 동안 나는 오두막에서, 그리고 숲 속 나무 그늘에서 두 번에 걸쳐 뼈 이야기를 해 주었다. 아이들은 초롱초롱한 눈으로 내 이야기에 집중했지만, 이렇게 짧은 만남 속에서 어떤 변화가 일어날 거라고는 그다지 기대하지 않았다.

"선생님, 여기 개구리가 죽어 있어요. 개구리 뼈 필요하세요?"

나흘째 되던 날 한 아이가 나를 불러 물었다. 조금 뜻밖이었다.

그날 저녁이었다. 갑자기 비가 내리기 시작해서 아이들은 근처 작은 오두막으로 가서 비를 피했다. 한참 지나서 여자아이 하나가 나에게 소리쳤다.

"선생님! 항아리 안에 뼈가 있어요. 가늘고 길어요. 새 같아요."

또 한 번 놀랐다. 오두막을 둘러보니 창가에 꽃병이 놓여 있었다. 항아리란 그 꽃병을 말하는 것이었다. 엎어 보니 정말로 뼈가 굴러 나왔다.

작은 동물의 뼈였다. 아마도 꽃병에 빠졌다가 기어 올라오지 못하고 죽어 버린 것 같았다.

"잘 찾아냈구나!"

난 감탄했다. 아이들에게 어떤 변화가 일어난 것인지는 모른다. 캠

프가 끝나고 집으로 돌아가면 아마도 잊어버릴 것이다. 하지만 뼈를 좋아하는 이상한 아저씨가 지금 앞에 있기 때문에 그 아이는 항아리 속에서 뼈를 발견한 것이다. 그것으로 충분했다.

뼈가 나오자 가슴이 뛰었다. 꽃병 속에는 두 동물의 뼈가 들어 있었는데, 하나는 땃쥐의 뼈였다. 땃쥐는 두더지와 같은 식충목이다. 땃쥐의 머리뼈는 가늘고 길다. 여자아이가 "새 같아요."라고 말한 것은 아마도 이 머리뼈를 보고 한 말일 것이다. 그리고 두 번째는 설치류의 뼈 같았다. 그런데 지금까지 흔히 볼 수 있었던 흰넓적다리붉은쥐의 머리뼈와는 전혀 다르게 생겼다.

오키나와로 돌아와 도감에 쓰여 있는 설명을 다시 읽어 보았다. 역시 겨울잠쥐의 뼈였다. 겨울잠쥐는 나무줄기에서 겨울잠을 잔다. 겨울철에 이 오두막에 들어왔다가 꽃병에서 나오지 못하고 죽어 버린 것이다.

마침 그때 나는 겨울잠쥐의 뼈를 꼭 한번 보고 싶다는 생각을 하고 있었다. 하지만 조금도 기대하지 않을 때 우연히 겨울잠쥐의 뼈를 보게 되다니 놀라웠다.

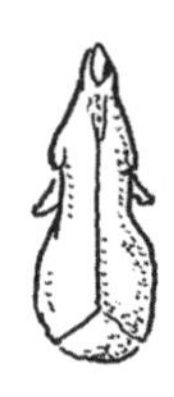

땃쥐(20mm)

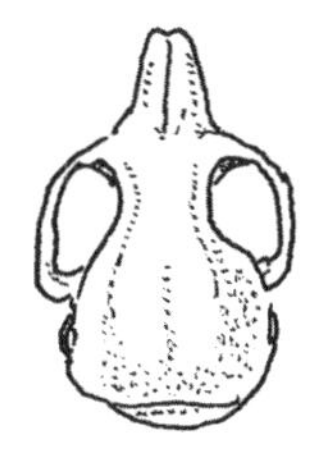

겨울잠쥐(24mm)

쥐나 날다람쥐의 앞니는 적갈색을 띤다. 왜 적갈색인지 나중에 조사해 보니 철분이 들어 있기 때문이라는 걸 알 수 있었다. 그렇지만 모든 설치류의 앞니가 빨간 것은 아니다. 이전에 해부한 기니피그의 앞니는 새하얘서 눈을 의심했다. 책을 읽다 보니 아프리카에 서식하는 빼드렁니쥐의 앞니도 새하얗다고 한다.

혹시 식성이 달라서일까? 그렇게도 생각해 보았다. 설치류 중에서 딱딱한 나무 열매를 먹는 동물만 이빨이 빨간 것일까? 겨울잠쥐는 나무 열매뿐 아니라 곤충도 많이 잡아먹는다.

'이빨이 물러서 다람쥐나 쥐와 달리 단단한 것을 잘 갉지 못한다.'

책에는 그렇게 나와 있다.

그렇다면 겨울잠쥐의 앞니는 무슨 색일까? 항아리 속에 있던 겨울잠쥐의 앞니는 적갈색이었다. 하지만 그렇게 단순하게 생각할 문제가 아니다. 아직까지 내가 모르는 것이 많다.

또 다른 여름, 후쿠시마에서 열린 어린이 캠프에 초대를 받은 적이 있다. 그때 참가했던 학생인 아이카가 편지를 보냈다.

'내년에도 선생님 배낭에 뼈를 가득 채워서 와 주세요.'

기쁘면서도 동시에 어려운 숙제를 떠안은 기분이었다.

어디를 가든 그럴 것이다. 난 뼈를 매개로 사람들을 만난다. 그러면 언제나 내가 주는 것보다도 훨씬 많은 것을 받는다.

골격 표본 만들기는 계속된다.

오늘도 우리 집 베란다에는 뼈가 담긴 페트병이 줄지어 서 있다.

# 맺음말

"나그네세요?"

뼈를 잔뜩 넣은 배낭을 등에 메고 초등학교에 갔더니 교실에 들어가자마자 남자아이 하나가 나를 보며 물었다.

초등학교 2학년 아이 입에서 '나그네'라는 조금 고풍스런 말이 나오자 웃음이 났다.

수업이 끝나고 교문으로 걸어가는데, 하교하던 다른 남자아이가 똑같은 말을 했다.

"나그네신가 봐요."

한 번도 아니라 두 번씩이나 그런 말을 들으니 조금 생각을 해 보게 된다.

오키나와는 섬이다. 옛날부터 사람들이 바다를 넘어서 이 땅을 찾아왔다가 다시 떠나는 일이 반복되어 왔다. 이 땅에는 그런 사람들을 맞이하고 받아들였다가 또다시 떠나보내는 역사가 오랫동안 이어져 왔다. 그런 오키나와 땅이 가진 힘을 오늘날 초등학생들도 이어받은 것 아닐까? 그런 생각을 해 본다.

"오키나와에 오신 지 얼마나 되셨어요? 오키나와에 평생 사실 건가요?"

그런 질문을 여러 번 들었다. 택시 기사 아저씨도, 가게 아주머니도 그렇게 묻는다.

오키나와에 살기 전까지는 내가 '나그네'라고 생각해 본 적이 없다. 하지만 사람들이 이렇게 끊임없이 물어볼 때마다 계속 살 거라고 딱 부러지게 대답하지 못하는 걸 보면, 나는 아무래도 나그네인 것 같다. 내가 사는 곳에 대한 애착이 별로 없는 것 같다.

나는 오키나와가 가진 고유한 것들에 마음이 끌린다. 이방인의 위치에 서 있으니 오히려 오키나와나 또는 본토를 다른 시각으로 바라볼 수 있다.

어느 날 이른 아침 얀바루로 가기 위해 길에서 친구의 차를 기다리고 있을 때 마침 지나가던 할머니가 나에게 말을 걸었다.

"자네 여기서 뭐 하고 있나?"

"친구를 기다리고 있어요."

할머니는 내 대답을 귀담아듣지 않았다.

"직업은 있나?"

"아내는 있어?"

할머니 입에서 차례차례 질문이 쏟아져 나왔다. 그리고 마지막에는 면도 좀 하라며 잔소리를 했다.

"오키나와가 가진 장소의 힘이란 사람과 사람의 거리가 가깝다는 거야."

호시노가 한 말의 의미를 오키나와에 정착하고 나서 나도 차츰 깨닫게 됐다.

오키나와 땅에서 만나는 다양한 사람들이 나에게는 선생님이다. 산호 학교라는 작은 학교에서 아이들을 가르치고 있지만 오키나와라는 장소가 커다란 학교와 같다고 느낄 때가 있다. 학교란 단순히 지식을 전달하는 곳이 아니라 사람과 사람이 만나 서로 소통하는 장소라고 생각한다.

그런 만남 속에서 또다시 뼈를 만나는 시간이 되었다.

배낭 속의 오키나와

# 뼈의 학교 2

2021년 9월 30일 초판 인쇄

**글 · 그림** 모리구치 미쓰루 | **옮긴이** 박소연

**기획** 이성애 | **편집** 한명근 | **교정 · 교열** 권혜정
**마케팅** 한명규 | **디자인** 김성엽의 디자인모아

**발행인** 한성문 | **발행처** 숲의전설

**출판등록** 2002년 9월 16일 제2002-000291호
**주소** 서울시 마포구 망원로71 자연빌딩 302호
**전화** 02-323-2160 | **팩스** 02-323-2170
**전자우편** garambook@garambook.com
**블로그** blog.naver.com/garamchild1577
**페이스북** facebook.com/garamchildbook
**인스타그램** instagram.com/garamchildbook
**트위터** twitter.com/garamchildbook **유튜브** 가람어린이tv

ISBN 979-11-968104-4-3 03470

같은 장소라도 시대가 바뀌면

사람과 생물이 만나는 방법이 달라진다.

자연뿐 아니라 오키나와 사람들의 삶도

시간이 흐르면서 함께 변화하고 있다.

뼈를 주우면서 새롭게 깨닫게 된 것이 그것이다.

오키나와 사람들의 삶과 얽혀 있는 뼈를 본다.